叢書セミオトポス 17

日本記号学会 編

生命を問いなおす

科学・芸術・記号

新曜社

刊行によせて

日本記号学会会長　水島久光

COVID-19（新型コロナウイルス感染症）の動向を常に気にしながらカレンダーをめくった二〇二〇、二〇二一、二〇二二年の三年間。社会機能が時に停止し、ようやく動いたとしてもさまざまな活動が制約を受ける状況は、「意味」を問う学問であるはずの記号学／論（以下「記号の学：semiotic studies」という）にとっても、極めて厳しい時間となった。何しろ相手は不可視のウイルスであり、かつそれが無意識の日常行動、とくに対面のコミュニケーションを介して広がるという、幾重にも矛盾を孕んだ現実。過去からも未来からも、我々の生活は決定的に切り離され、取り残されてしまった。

公的な政治・経済活動は、それでもなんとか「新しい生活」を嘯《うそぶ》きながらルールを組み換え、体裁を整えようともがいてきた。しかし「不要不急」の文化の領域においては、そう簡単にいかない。マスクが声と表情を奪い、オンラインが距離への不感症を加速させ、多くの営みがデジタルの地下空間に沈潜するようになった。とはいえその窮屈さこそが、文化の命脈をつなぐ伝手《つて》になったというのも、また一つの新たな現実ではある。

＊

この度発行する「叢書セミオトポス17」は、その息苦しい時代の記録であると同時に、記号の学、および日本記号学会の歴史の分岐点となるだろう期待が込められている。前号（16号、二〇二二年）『アニメ的人間』はコロナ前に開かれた二〇一九年大会の企画をもとに編集されたが、書籍のかたちをなすまで三年がかかってしまった。毎号楽しみにしてくださった読者のみなさんには、まずそれを率直にお詫び申し上げねばならない。

この間に訪れた、学会創設四〇周年のアニバーサリーも、身動きができずに過ぎてしまった。振り返れば二〇周年の折は、記念出版『記号論の逆襲』（二〇〇二年、東海大学出版会）を上梓していた。既にこの段階で「逆襲」を口にしていたことを思うと、なんとか四〇周年を迎えられた感慨は大きかったが、残念ながら計画は全て先送りとなった。一方、大会は若い学会員メンバーの懸命の努力でオンライン、ハイブリッド、可能な範囲での対面会場でつないだ。ただ首をすくめているのではなく、記号の学のポテンシャルを損なわないよう、来るべきタイミングで「再離陸」可能なように、「力をためる」期間にしたいという思いは、主要なメンバーには共有されていたように思う。

＊

奇しくも「生命」は、まさにこの三年間、世界において常に問われ続けていた問題だった。そして記号の学にとっては、その根源性、領域横断性を支える意味で、この概念へのフォーカスは運命的ですらあった。そして第四〇回（二〇二〇年）、第四一回（二〇二一年）の二年にわたり大会のサブテーマとして掲げた「「生命」を問いなおす」を、今後のこの学会誌の発行間隔の正規化に向けて、一冊にまとめることになった（なお、記号学会の第二一回〜四二回大会の概要も併せてここに収録する）。

本号だけではない。日本記号学会は、繰り返しこのテーマに向き合ってきた。「生命」がタイトルに付けられた号だけでも三つある。記号学研究14『生命の記号論』（一九九四年）、記号学研究22『メディア・生命・文化』（二〇〇二年）、セミオトポス1『流体生命論』（二〇〇五年）――『生命の記号論』のまえがきに当時の久米博会長が「「言語中心主義」から「言語相対主義」へ」と題して文章を寄せているが、まさに「生命」は記号の射程の拡大の契機となった概念であったことは確かだ。

＊

一九九〇年代から二〇〇〇年代の「生命」と「記号」の関係は、まさにホフマイヤーやドーキンスらが開いた知見から、情報概念や認識主体の位置、あるいは身体性の問いを経由し文化に再び循環する回路を見出す、「新たなアプローチ」の創造の躍動に満ちていた。しかしそれから二〇年経ってみると、テクノロジーや生命科学自体の飛躍的な進化に取り囲まれて、人間や文化の輪郭は、自然や環境の側から捉えるべきだという声が高まっていた。この大きな変化を読み解く鍵は、本号に収められた室井尚元会長の第四〇回大会（二〇二〇年）の基調講演「生命と記号論」に示されている。

生を問うことと死を問うことは、人間と非人間の境界を引くことと同様に、今日もはや単純なアンチノミーとして措定することはできない。とはいえ時代が変わっても――いやむしろ、その複雑さの中に放り込まれているからこそ、我々は無自覚に前者を引き寄せ、後者を視界から消し去ろうとするモードを抑えることはできない（生命を持たないモノの擬人化、オートファジーにおける細胞の不死性などを言ってみることは、まさにその非生物性へのネガティヴなスキーマの表れと考えることもできる）。それはなぜなのだろうか――ここにこそ、「生きている」実態と「意味なるもの」を問う記号の学が「交差」する点があるのではないかと、考えてみる必要があるのではないだろうか。

＊

『森は考える――人間的なるものを超えた人類学』（奥野克巳・近藤宏監訳、近藤祉秋・二文字屋脩共訳、二〇一六年、亜紀書房）を著したエドゥアルド・コーンは、頻繁にパースの記号論のタームや事例を引用する。まさに「森」といった「人間的なるものを超える」カテゴリーの単位においてさえ、「思考」というべきプロセスが働いているという仮説こそが、この「交差」を指し示す好例と言える。大切なことは、このように言ってみることで我々は、「実際に森が〝人間のように〟思考する」か否かを論争する次元から飛躍し、「思考する」とはいったいどのような行為なのかについて、しっかり立ち止まる機会を得る点にある。

コーンの作法に従って、「形式」に注目してみると、我々は「思考」あるいは平たく「考える」「思う」といった心の動きとして捉えていたことがらは、実は「意味」をつなぐプロセスとして記述可能であることがわかってくる。この「つなぐ」「結びつける」パターンを、二〇世紀以降の記号の学は世界の移り変わりの中に豊かに見つけ出し、時にそれらの対象に「それでいいのか」と問いを差し向けてきた。二〇二二年後半になってにわかに注目を集めるようになったChatGPTなどのいわゆる生成ＡＩの進化も、「意味」がつながることをもって、遡及的にそこに生命を感じるという我々の「性《さが》」を炙《あぶ》り出す装置として位置づけられる。

＊

二〇二二年に開催された第四二回大会の議論も、実はこの「生命」に対する問いの延長線上にあった。学会員のみの登壇者によって構成された「モビリティ」「人新世」「ケア」の〝三題噺〟は、かつて近代が理想化した人間観から零れ落ちる関係性――物理的な移動、人なき世界へのエコロジカルな想像力、そして前言語領域に残されたインクルージョンすべき対象に、記号の学がいかなるアプローチから迫っていくかという思考実験の場であった（諸般の事情から、三つのセッションをそのまま旧来の「セミオトポス」の形式に従って書籍化することはないが、なんらかのかたちで共有する術を今後用意したいと考えている）。

この苦しかったコロナの三年間の日本記号学会の状況・活動を介して、私はこんな風に考えるのだ——人間的な記号の世界を拡張するのでも、他の学問分野の眼差しを受けてパッシヴかつニュートラルに再定義を試みるのでもない。様々な存在の関係性を築いていく、ミニマムなモーメントの作動を説明する過程に「代入されるべき方法」として、あるいは生起・消尽を繰り返すそのような現象に、単なる「例え」のレベルの比喩ではなく、「同一性」と「差異」を見出す契機として、「記号」は確かに存在している。それは相対主義が、悪しき反知性的欲望に回収されないための、歯止めでもある。

＊

「記号」が、「生命」の概念とともに、この世界に確たる機能を示し続ける以上は、我々は「記号の学」に関心を抱く人々のコミュニティとしての看板を下ろすわけにはいかない。この叢書セミオトポス17『生命を問いなおす』は、そのリスタートの一冊として、みなさんと思いを共有する媒体（メディア）であって欲しいと期待する。

既に学会を去られた多くの同志のみなさん、あるいは鬼籍に入られた方々、日本語という母語環境において、学会草創期に輝かしい業績を残された先駆者のみなさんへのたくさんの感謝の想いも込めて、この一冊をお届けしたい。

叢書セミオトポス17　生命を問いなおす＊目次

装幀——岡澤理奈事務所

はじめに　四〇周年記念号について

河田学（第四〇回大会実行委員長）・増田展大（第四一回大会実行委員長）

日本記号学会の学会誌『叢書セミオトポス』では、毎年開催される大会でのテーマをもとに特集を組むことが通例となっている。本号は、第四〇回記念大会「記号・機械・発酵」（二〇二〇年一一月一四日・一五日、於京都大学・稲盛財団記念館）と、第四一回大会「自然と文化のあいだ」（二〇二一年一一月二七日・二八日、於九州大学・大橋キャンパスほか）の内容を二部構成に編集し、両大会の副題「「生命」を問いなおす」を特集テーマとしてまとめたものになる。

まず、両大会の開催にあたり学会ウェブサイトに掲載された告知文を引用してみたい。[*1]

開催にあたって　大会実行委員長：河田学（京都芸術大学）

本年五月一六・一七日に京都芸術大学にて、「記号・機械・発酵――「生命」を問いなおす」を大会テーマに、日本記号学会第四〇回大会を企画しておりましたこと、またCOVID-19の感染拡大状況を鑑み延期を決定させていただいたことについては既報のとおりです。この度、上記大会を一一月一四・一五日に、京都大学稲盛財団記念館を会場とし、対面・オンラインのハイブリッドで開催する運びとなりました。みなさまのご参加をお願いするとともに、会場の手配にご尽力いただいた吉岡洋前会長にこの場を借りて御礼申しあげる次第です。

＊1　両大会の特設ページを参照のこと。https://www.jassweb.jp/40taikai、https://www.jassweb.jp/41taikai（ともに二〇二三年三月一日アクセス）

学会にとって大きな節目となる第四〇回大会で、これまでもくりかえし本学会大会でテーマとしてきた「生命」をあらためてとりあげることには、学会として大きな意味があるばかりでなく、今大会の延期の原因ともなった新型感染症の出現もまた、奇しくもその意義をさらに強調しているのではないかと思われます。新型コロナウイルスまでをも含めた生命の多様性に囲まれて生きるわれわれ人間の状況について人文学は何を語りうるのか。学際的かつ刺激的な議論が展開されることを主催者として大いに期待しております。みなさまのご参加を、心からお願いする次第です。

開催にあたって　大会実行委員長：増田展大（九州大学）

日本記号学会第四一回大会「自然と文化のあいだ――「生命」を問いなおす vol. 2」を開催します。

今回の大会は、昨年に開催された第四〇回大会「記号・機械・発酵――「生命」を問いなおす」のテーマを引き継ぎ、異なる角度から「生命」という主題に迫ろうとするものです。新型コロナウイルスが私たちの身の回りの状況を一変させたなか、本大会もまた当初の日程からの延期を余儀なくされました（ご迷惑をおかけしましたこと、深くお詫び申し上げます）。

この間にもヒトやウイルスなどについて科学的に規定された生命が、日常のうちに育まれる文化に多大な影響を及ぼしています。そうして「自然」科学の知見と私たちの生きる「文化」や生活が衝突や軋轢を引き起こすなか、生命についての理解はどのようなものへと練り直されているのでしょうか。

今回の大会は自然科学や芸術文化、そして人文学の領域から三つのセッションを構成し、それぞれを横断可能にする記号学会独自の視座によって、人間に限られることのない「生命」を再考するための議論を交わしたいと思います。

これらの告知文を再掲したのは、二〇二〇年と翌二一年の大会がいわゆるコロナ禍に翻弄された大会であったことをありありと記録しているように思われるためである。文中にあるように、両大会の開催は不特定多数の人間が密集・接触することを制限した「緊急事態宣言」に振り回され、当初の予定から日程を変更せざるをえなかった。それでも対面での開催をあくまで基本にしたいとの強い要望もあり、感染者数が比較的、小康状態になった期間をつくかたちで最小限の登壇者と関係者がマスクをつけて会場に集まり、その内容を複数台のカメラで撮影しながら同時・アーカイヴ配信によるオンライン公開も実施した。振り返ってみても、この時期は本学会に限らず、これと似たような状況が研究・教育などのさまざまな場面に生じ、大規模な変容を経験することになっていた。それを過去のものとして総括するにはいまだ時期尚早であろうが、この間に「生命」について交わされた議論をまとめた本号が、その一助となることをまずは願いたい。

ただし、このタイミングに「「生命」を問いなおす」というテーマが選ばれたのは、必ずしもコロナ禍にあわせてのことではなかった。大会のテーマは、理事会や大会実行委員会などで事前に繰り返し検討することが通例であるが、第四〇回大会の企画もまた、新型コロナウイルスが世に登場した二〇二〇年以前から（当時は、当然のごとく対面での）議論をベースとして練り上げられていた。特に「「生命」を問いなおす」という副題が――現会長の言葉を借りれば「運命的」に――提出されたのは、日本記号学会が創設四〇周年を迎え、その記念大会にふさわしいテーマとしてのことであったと記憶している。

これまでも本学会がくりかえし「生命」というテーマをとりあげてきたのは、「記号」という観点が人文学を中心としつつも、いわゆる文化や芸術の範囲に収まることなく、(ちょうど過去四〇年のあいだに) 驚くべき進展をみせる生命科学や情報技術に関連する領域との接合を可能にしてきたからであろう。生命とは、そうした異分野間の手法をつなぐうえでまさに結節点となるテーマであり、本号もまた、そのような学会の性格を反映したものとなっているはずである (なお、第Ⅳ部には「日本記号学会四〇周年記念資料」として、第二一回大会から最新の四二回大会までの大会資料を掲載した[*2])。

＊

だが、そのうえで現在あらためて「生命を問いなおす」とは、具体的に何を意味するのであろうか。ここではまず、それを三つの観点から整理しておくことにしたい――それらはすぐ後に紹介するように、第四〇回と第四一回大会を構成する各三つのセッションにも対応している。

第一に、現在の生命理解は、これも先の新型コロナウイルスが明らかにしたように、自然・人文科学といった従来の対立項には収まらないものとなっている。私たちがこの間、旅行や移動をしようとするたびに、ウイルス株の変異に応じて開発された新型ワクチンを接種し、そうでなくともPCR検査が強く推奨されたことにも、(それへの強い反対も含め) 自然科学による知見が文化的な事象にまで否応なく組み込まれていることは明らかである。と同時に、そのことがしばしば制限や分断、閉塞感を生むからとはいえ、自然科学的な生命理解を退けることは困難であり、むしろ生体認証や健康管理など、人々はそれらのテクノロジーを好んで引き受けようとさえしている。つまり、自然/文化としての生命は明白に切り分けられず、両者が相互に貫入しあうような状況が目の

＊2　第二〇回までの大会資料については、以下の学会誌の巻末資料を参照のこと。記号学研究21『コレクションの記号論』日本記号学会編、東海大学出版会、二〇〇一年。

前には広がっており、それらを考察するための視座が必要とされている――第Ⅰ部と第Ⅱ部の冒頭に収録された講演はそれぞれ、こうした「生命」をめぐる問いを人文・自然科学の領域から提示したものとなる。

次に、そうして生命が科学や技術にますますコントロールされているなかで、それと異なる姿を感得させてくれるきっかけのひとつが、アートの実践であるだろう。美術館であれ屋外であれ、または（この間に展示機会が急速に増加した）オンライン上であれ、それぞれの場面で「生き生き」とした作品やパフォーマンスを感じとるときには、私たちが常識的に理解している生命観とは異なる経験がもたらされる――それを第一の問いと区別して「生」をめぐる問いと呼んでみたい。もちろん、これはまちがってもアートの領域を素朴に高尚なものとして称揚することでもなければ、むやみに神秘化することとも異なる。むしろ興味深い作品や刺激的な鑑賞体験がそうした感覚を引き起こすのは、――各部二番目に登場するアーティストたちが示すように――それらがどこか私たちの日常的な「生」とも接続されているからである。

そして最後に、これら芸術と科学を対比するだけでなく、そこから生（命）をあらためて私たちの身のまわりの経験レベルへと引き込むような視座が必要となる。芸術や科学がどのような生／命を提示するにせよ、私たちは食事をしたり、ゴミや排泄物を出したり、眠りにつくといった日常を暮らしている。当然ながら、そのような現実を抜きにしては科学や芸術も空虚なものとなりかねない――先の二つと区別して、これを「生活」をめぐる問いと呼ぶこともできる。そのような生活をめぐる記号現象は、従来は十分に着目されてこなかった歴史上の形象や技術的なデザイン、そして人間以外の生き物のあり方に光を当ててくれる。それはまた――各部三番目の議論が示すように――単に人間の生命を相対化するだけでなく、まずもって生き物である私たちを成立させている条件を問うことにもなるだろう。

＊

ここまで本号があつかう対象を生命／生／生活の三つに分類してみたが、これも先の二回の大会をつうじて浮かび上がった考えにほかならない。以下では実際に第Ⅰ部と第Ⅱ部の内容も三つに分けて簡単に紹介しておきたい。

日本記号学会の創設に遡りつつ、それと「生命」という主題との関係について詳らかにしたのが、第Ⅰ部の冒頭を飾る室井尚会員（横浜国立大学名誉教授）による基調講演「生命と記号論」である。この学会の領域横断的な性格は、一九八〇年の創設以来の歴代会長の専門分野の多彩さにも示されているが、と同時に本講演は、一九九三年の第一三回大会「生命の記号論」（甲南大学）以来、情報技術（ＡＩ）や生命科学（遺伝子）の進展に呼応して、いかなる議論が交わされてきたのかを振り返る貴重な内容となっている。そのうえで室井氏の専門である哲学的な観点を交えつつ、現在の私たちの環境を覆い尽くそうとする情報技術ないしはサイバネティクスに示される「非生命的な生命観」に対して、それと一定の親和性を持ちつつもオルタナティヴな視座となりうる「流体生命的な記号論」の可能性が問われている。

第Ⅱ部冒頭では、上記とおなじ三〇年の間に生命科学の最前線で研究を進められてきた吉森保氏（大阪大学）をゲストにお迎えし、当日の講演記録として「オートファジーと死なない生命――細胞のリサイクル・システムから考える」を掲載した。吉森氏が専門とする「オートファジー」とは、生命の基本単位である細胞内部でタンパク質を破壊しながらリサイクルを実現するシステムのことを指す。その詳細をたどる議論は、個体であれ種であれ、生命が存続するためにその内部に破壊というネガティヴな契機を内包していることを明らかにする。または「階層性」や「恒常性」といった（上記のサイバネティクス的な世界観とも関連する）概念とともに、一般に「儚《はかな》い」ものとされる生命の対極にある「頑強な」生命、つまりは「死」や「老化」が実際には必然でないとする実にラディカルな視点が提出されてもいる。

　これらの講演が人文・自然科学を相互に往還する生命観を示しているとすれば、両大会の第二セッションではアーティストの方々に具体的な実践を紹介していただいた。三原聡一郎氏と児玉幸子氏（四〇回大会）、そしてエキソニモ（四一回大会）の作品は、強いていえば「メディアアート」の領域に括られるものではある。ただし、第Ⅰ部二番目の「機械生命論」は、生命についての機械論的な理解を反転させた吉岡洋会員（京都芸術大学）の考察を導きとすることにより開始される。そうして紹介されるのは、可能な限り人為を排した仕方で鳥の鳴き声を発する作品をはじめとして人間とそれ以外の動物や環境との関係を主題化してきた三原氏、または、磁性流体という真っ黒な液体を利用することで流動的な生とも形容しうるテクノロジーの姿を提示した児玉氏の作品群である。第Ⅱ部二番目の「変異するテクノロジーとアート――エキソニモを迎えて」では、ネットアートの黎明期から活躍するエキソニモが聞き手の廣田ふみ氏（アーツカウンシル東京）とともに自身の作品を振り返り、作品の「変異」をメディアアートにとっての創造的な起点と捉え直す議論を展開する。各アーティストの取り組みは、先に触れた「生」が感得されるプロセスを具体化しつつ、それを人間以外のものに開くという意味において続く第三セッションの議論にも引き継がれる。

　最後に、各部の三番目の内容は、学会外のゲストと学会員の登壇者を交えた議論の報告文と二本の論文によって構成される。第四〇回大会の第三セッションでは、歴史学と情報学を専門とする藤原辰史氏（京都大学）とドミニク・チェン氏（早稲田大学）をゲストに迎え、映像論・メディア論を専門とする学会員の増田展大（九州大学）が登壇した。第Ⅰ部三番目の「分解と発酵の記号論・セッション報告」では、分解と発酵という具体的な生命現象をつうじて歴史や技術、メディアの可能性を掘り起こしつつ、それがいかにして「生活」レベルに位置づけられるのかが議論される。続く第四一回大会では、この論点を部分的に引き継ぎつつ、今度はゲストとして人類学者の奥野克巳氏（立教大学）が哲学者の檜垣立哉会員（専修大学）とともに登壇した。当日の議論をもとに寄稿していただいた両者の論文では、昨今の人類学で注目を浴びる「非人間主義」と哲学・思想史との交錯、その焦点となる「形式」概念について討究されている。濃密かつ独創的な議論については実際に本文にあたっていただくほかないが、以上のように歴史学や情報学、メディア論、哲学、人類学など、生命をめぐる記号現象を問うための多角的な議論が集まったことは本学会ならではといえるだろう。

＊

以上の内容は、各大会の記録として編まれた論集である以上、いずれの章から読んでいただくことも可能である。ただし日本記号学会の大会は、各セッションが連続的なつながりをもつものとして企画されていたことも付言しておきたい（また、刊行までに時期を要したことから、各論考の冒頭には元になったセッションの開催形式を記載した）。もちろん読者の関心に即して、ここに紹介したものとは異なる複数の論点が浮上するであろうし、そもそも「生命」という壮大なテーマに対して抜け落ちたトピックやアプローチも少なからず存在するにちがいない。そうしたご批判やご意見を賜わることを祈りつつ、本書を手にとった方々が今後、記号学会の活動を覗いていただくことがあれば幸甚である。そして末筆になるが、この場を借りて、多大なご協力をいただいたゲストと関係者の方々にあらためてお礼を申し上げたい。

*二〇二三年三月二一日、室井尚会員が逝去されました。謹んでご冥福をお祈りします。

資料　日本記号学会第四〇回大会

「記号・機械・発酵――「生命」を問いなおす」

日時：二〇二〇年一一月一四日（土）、一五日（日）

場所：京都大学稲盛財団記念館およびオンライン参加によるハイブリッド開催

（所属はすべて当時のもの）

一日目：一一月一四日（土）

12時00分　主会場受付開始

12時30分～13時00分　総会（会員のみ）

13時30分～15時00分

セッション1「生命と記号論」

室井尚（横浜国立大学）

司会：河田学（京都芸術大学）

15時30分～17時00分

セッション2「機械生命論」

児玉幸子（メディアアーティスト／電気通信大学）

三原聡一郎（アーティスト）

司会：吉岡洋（京都大学こころの未来研究センター）

二日目：一一月一五日（日）

9時00分～11時00分　分科会（研究発表）

司会：小池隆太（山形県立米沢女子短期大学）

上野友大「まとめサイトを中心とする排外主義の生態系～その物語生成と消費過程～」

駒井雅「徳正寺由緒から読む〈歴史〉の記号性――記憶・贈与・規範」

司会：吉岡洋（京都大学こころの未来研究センター）

佐古仁志「学習の方法としての「対話」――パースにおける自己と共同体の成長」

坂本壮平「記号論理学と記号の哲学――ブールからパースへ」

12時30分～14時30分

セッション3「分解と発酵の記号論」

ドミニク・チェン（早稲田大学）

藤原辰史（京都大学）

増田展大（九州大学）

司会：前川修（近畿大学）

15時00分～16時00分　全体討議

閉会の辞：会長　前川修（近畿大学）

資料　日本記号学会第四一回大会

「自然と文化のあいだ――「生命」を問いなおす vol. 2」

日時：二〇二一年一一月二七日（土）、二八日（日）

場所：オンライン × 九州大学・大橋キャンパスほかによる ハイブリッド開催

（所属はすべて当時のもの）

一日目：一一月二七日（土）

12時00分～12時30分　総会（会員のみ）

13時00分～13時05分　開会の挨拶

13時00分～15時40分　研究発表セッション

13時05分～14時05分

司会：水島久光（東海大学）

澤井優花「ビクトリア・ウェルビーと記号論 Significs について」

豊泉俊大「グッドマンの芸術理論にかんする一考察」

14時10分～15時40分

司会：佐藤守弘（同志社大学）

駒井雅「文化変容論としてみた、前近代の〈読み替え〉における包摂の論理と超越観念――安藤昌益の「自然」と「生死」観を中心として」

二重作昌満「映像・誌面媒体における日本の「未来都市」描写の特殊性――ウルトラマンシリーズにおけるM78星雲「光の国」を対象として」

竹内美帆「SNS時代のマンガにおける「手描き」の問題――線の物質性を中心に」

16時00分～18時00分

セッション1「自己死を遂げる細胞たち――生命科学の視座から」

登壇者：吉森保（細胞生物学）×吉岡洋（聞き手）

二日目：一一月二八日（日）

10時00分～12時00分

セッション2「変異するテクノロジーとアート――エキソニモを迎えて」

登壇者：エキソニモ（アーティスト）×廣田ふみ（聞き手）

14時00分～16時00分

セッション3「人間ならざるものの生命――哲学と人類学の交差から」

登壇者：奥野克巳（人類学）×檜垣立哉（哲学）　増田展大（司会）

16時15分～17時15分　全体討議

登壇者：増田展大（司会）、前川修（コメンテーター）

閉会の辞：会長　前川修（近畿大学）

第40回大会の特設ページ画像

第41回大会の特設ページ画像

第Ⅰ部

記号・機械・発酵（第四〇回大会）

生命と記号論[*1]

室井　尚

まず、COVID-19の最中でありながらも、こうして日本記号学会の大会を開催できることに感謝いたします。前川修会長、河田学大会実行委員長、そして会場をご提供していただいた吉岡洋理事には大変なご苦労があったことと拝察いたしますが、こうして開会まで漕ぎつけていただき、本当にありがとうございました。

さて、さっそくですが本題に入りたいと思います。今回の大会テーマは「記号・機械・発酵――「生命」を問いなおす」というタイトルですが、今や最古参の学会員となった私に基調講演の依頼をいただいたこと、これはたいへん名誉に思っております。これから一時間程度、なるべく長くならないように、今回の大会での議論がより活発化していくことを願ってお話をさせていただきたいと思います。あまりよくご存じでない方もいらっしゃるかもしれませんが、日本記号学会という学会は、いわゆる堅苦しい既成の学会とは異なり、研究者ではない、一般の方々にも開かれた学会であり、現場の台所事情は苦しいとはいえ、学会誌を一般の書店で販売しつづけてきた学会でもあります。ですので、難しい専門用語はできるだけ避けるようにしつつ、一般の方にもわかっていただけるようなお話をしてみたいと思います。

さて、ずいぶん昔の書籍になってしまいましたが、ここでは、二〇〇二年の学会誌である「記号

＊1　以下は、日本記号学会第四〇回大会セッション1の講演内容から、その後に編集を加えたものである。セッションの詳細は以下のとおり。
　日本記号学会第四〇回大会「記号・機械・発酵――「生命」を問いなおす」
　日時：二〇二〇年一一月一四日(土)　13時30分～15時00分
　会場：京都大学稲盛財団記念館・セッション1「生命と記号論」

学研究」の二〇周年記念号（『記号論の逆襲』東海大学出版会、図1参照）を参照しながら、学会の歩みをお話ししたいと思います。日本記号学会は一九八〇年四月に創設されました。初代の会長は、言語学者であり、ローマン・ヤコブソンという有名な言語学者の紹介者でもあり友人でもあった故・川本茂雄さんでした。二代目の会長は、二〇二〇年に文化功労者に選出された、伊東俊太郎さんという科学哲学者・科学史家でした。つづいて三代目の会長が、最近九〇歳を超えられてさすがに大会にはお越しになりませんが、今もご健在の坂本百大さん、[*2] 四代目が、ポール・リクールというフランスの哲学者を精力的に紹介してこられた哲学者の久米博さん、そして五代目が、故人となられてしまいましたが森鷗外の孫でもあり、詩人でもあり、マーシャル・マクルーハンやケネス・バークの翻訳でもよく知られている森常治さん、そして六代目の会長が、やはり亡くなられてしまいましたが、文化人類学者の山口昌男さんでした。さらにつづいて、もう今から一〇年以上前のことですが、私が会長を務めました。そしてその次が、ネルソン・グッドマンの翻訳などで知られている哲学者の菅野盾樹さん、そしてその次は哲学・美学の研究者・吉岡洋さん、そして現在〔当時〕の会長がすでに二期目を迎えている、写真をはじめとする視覚文化の研究をしている、同じく哲学・美学の前川修さんです。このようにして記号学会は四〇年間の歴史を刻んできました。

日本記号学会の黎明期には、いわゆる「記号論ブーム／記号学ブーム」というべきものがありました。そのため第三回あたりまでの大会は、建築家、アーティスト、映画監督など、さまざまな領域から多彩なメンバーが集まっておおいに盛りあがりました。大会となると五百人にのぼる会員にくわえて、一般の聴講者もたくさん集まったものですが、一九八五年になる頃にはすでにブームも去っており、当時の会長であり、科学史家でいらした伊東俊太郎さんが難しすぎたこともあったのかもしれませんが、学会の存続自体が危うくなってきました。そう考えると、今までよくもちこた

図1　『記号論の逆襲』東海大学出版会、二〇〇二年

＊2　二〇二〇年一二月一七日逝去。

えたともいえるのかもしれませんが、今でも会員は二百名近くおり、大会のテーマによってはもっと人が集まってくる、という感じで細々とやっています。それでも私にとって記号学会がほかの学会と違うのは、他所ではけっしてありえない自由な雰囲気、そして毎年の大会のレベルの高さ・面白さからではないかと考えています。設立後の最初の一〇年間は、記号論ですから文学理論やテクスト理論が大会や学会誌特集の中心的なテーマでした。しかしその後、アメリカ哲学、科学哲学を専門としていた坂本百大会長の頃からは、文学やテクスト論だけではなく、建築、認知科学、生命科学などといった様々なテーマを扱うようになりました。さらに、われわれも大会の企画にかかわるようになった一九九〇年代頃からは、いってみれば節操なく、その時々に大会実行委員会がとりあげたいテーマを大会で議論する学会になっていきました。それは「毎年そのときに一番おもしろいことをやろう」という考え方にもとづくものでした。その頃には、私や吉岡洋さんも数年おきに大会の企画を引き受けるようになっており、〈大会のテーマ・内容を中心に誌面を構成する〉学会誌を売らなければならないということもあり、できるだけ学生や一般の読者にもアピールできるようなテーマを選んで大会を開催するようになりました。すでに当時、「記号論」という看板はまったく通用しなくなってしまっていたのですが、それでも、大会テーマや学会誌のタイトルは「〇〇の記号論」というふうにすることが多かったように思います。書店をつうじて一般向けに広く学会誌を販売するという方針は、今では出版社はもう四社目となりましたが、現在でもかろうじて継続しています。

ちなみにここまで、「記号学」と「記号論」という二つの言い方が混在していますが、これについて軽く触れておくと、はじめの頃は「記号学」といっていました。というのも『一般言語学講義』で知られるフェルディナン・ド・ソシュールがフランス語で「セミオロジー」（sémiologie）という言葉を使い、これが日本では「記号学」と訳されたからです。ところが国際記号学会（The International Association for Semiotic Studies）という学会があり、そこの第二回もしくは第三回大会で、国際記号学会としては、アメリカの哲学者、チャールズ・サンダース・パースが提唱した「セミオティクス」（semiotics）という名称で統一しようと決議したのです。「セミオティクス」のほうは、一般には「記号論」と訳されているため、日本では「記号学」「記号論」という言い方が混在して使われるようになりました。ちなみに今でもフランスでは「セミオロジー」といいますから、今大会の実行委員の河田学さんはフランス系の研究者なので、たぶん頭のなかでは「セミオロジー」と考えているかもしれません。私自身は、パースは正直いってあまり好きではありませんが、「セミオティクス＝記号論」のほうが軽くて好きなので、ここからは「記号論」で統一したいと思います。

私はといえば、じつは学会創設時のメンバーではありません。しかしその当時、日本記号学会が創設されることを知りこれに関心をもち、学会誌「記号学研究」の第二号に論文を投稿したのがはじめてです。その後、翌年の第三回大会から大会にも参加するようになりました。その頃は私自身も若手だったのですが、日本記号学会の場合はプロパーの記号学者というのはほとんどいない、一人もいないといってもいいぐらいだったため、さまざまな専門の人が領域を横断的に集まって議論する傾向が強く、民間の方々も含め専門ではない人びとが集まっていました。こうした雰囲気のなかでの、自分の領域以外の人たちとの交流が楽しくて、自分はこれまで学会での活動を続けてきたといえると思います。ともあれ日本記号学会は、そんな学会として存在してきました。

今大会のテーマには「「生命」を問いなおす」とのサブタイトルが付いていますが、ここで、日本記号学会が過去に「生命」をどのように扱ってきたのか、お話ししてみたいと思います。先ほども述べたとおり日本記号学会は大会ごとに、その時その時に話題になっていること、人々の関心を惹きそうなことを大会テーマとしてとりあげてきたのですが、「生命」というテーマを最初に議論したのは、吉岡洋さんが大会実行委員長を務めた一九九三年の甲南大学大会でした。これは文字どおり、「生命の記号論」というタイトルで開催された大会であり、その成果は翌年に出版された同名の学会誌[＊3]にまとめられています。大会では二つのシンポジウムが開催されました。一つ目は「生命・AI・物語」というタイトルのシンポジウムです。この頃ちょうど第二次AIブームというものがあり、AIも当時の話題の一つで、私が司会を務めました。ゲストは当時、松岡正剛さんの編集工学研究所にいらっしゃった高橋秀元さん。同研究所で物語エンジンの研究が行われることになり、それに私も参加していました。そして、NTT基礎研究所でAI研究の現場にいらっしゃった竹内郁雄さん。さらに学会員からは、ロシア・スラヴ系の記号論・ナラトロジー（物語学）を研究していた北岡誠司さんが登壇しました。二つ目のシンポジウムは、吉岡さんが組織した「生命観の変貌」というセッションで、詳しくは後ほど説明しますが、当時、京都大学ウイルス研究所にいたウイルス学者の畑中正一さんに登壇いただいたほか、当時の会長の坂本百大さんがこのセッションではじめて、「生命記号論」（バイオセミオティクス）を紹介してくれました。また、現在は岐阜県にあるIAMAS（情報科学芸術大学院大学）にいる医療人類学者の小林昌廣さんにも登壇していただきました。

　これらシンポジウムのそもそもの起点には、吉岡洋さんと私が一九九三年に共著で執筆した『情報と生命』（図2）のテーマや問題設定をさらにふくらませてみたい、というところにありました。その意味で、これらは吉岡さんと私の共通の関心から企画されたシンポジウムだったと思います。従来から私たち二人は「ウイルス」に対して強い関心をもっていました——ウイルスをテーマ

＊3　記号学研究14『生命の記号論』東海大学出版会、一九九四年。

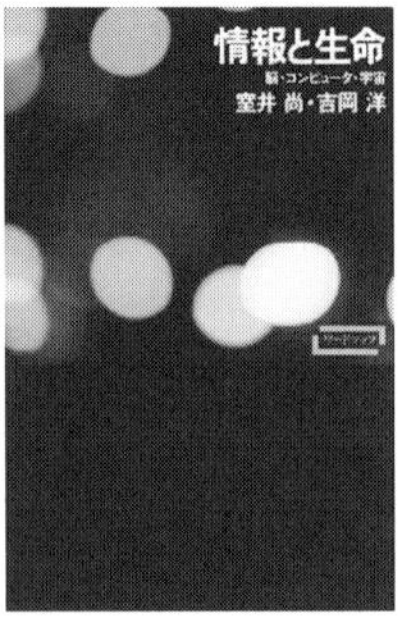

図2　ワードマップ『情報と生命』新曜社、一九九三年

にした第二セッションを企画したのはそのためです。二人とも当時、畑中正一さんの『ウイルスは生物をどう変えたか』（図3）には大きな衝撃を受けていました。いま話題になっているコロナウイルスにしても、バクテリアと同じで病原体であり敵であるという見方をしている人が多数を占めていると思いますが、そうではなくて、ウイルスはその大半が無害、ほとんどは病気の元にならないもので、遺伝子の運び屋、つまり宿主の遺伝情報を書き換えるメッセンジャーであるという見方がその頃に注目を集めていました。山梨大学の中原英臣さんと佐川俊さんの『ウイルス進化論』（早川書房）が出版されたのは一九九六年でしたが、二人はこういった見解を学会誌や紀要論文などで発表していました。これをいちはやく一般向けに紹介したのが、栗本慎一郎さんの『パンツを捨てるサル』（光文社、一九八八年）という本でした。これも私たちは非常に興味深く読みました。こういった流れのなかで、すでに出版されていたのが畑中正一さんの『ウイルスは生物をどう変えたか』だったんです。ちなみに近年、ウイルス進化論を精力的に展開している方として、武村政春さん（『生物はウイルスが進化させた』講談社ブルーバックス、二〇一七年）という方もいらっしゃいます。

畑中さんの『ウイルスは生物をどう変えたか』の表紙に描かれているロケット状の物体は、タバコモザイクウイルスというウイルスです。このウイルスは不思議なもので、周りの環境に応じて結晶化する、つまり鉱物になり、ふたたび自分が活動できるような環境になるまで待つ、という存在なんです。

当時の社会的文脈について補足しておくと、大会に先立つ一九八〇年代には、エイズが人々の耳目を集めていました。エイズを引き起こすのはＨＩＶと呼ばれる、ＲＮＡウイルスのなかでもレトロウイルスと呼ばれるウイルスで、なんとヒトの細胞の中に入り込んでヒトのゲノム、つまり遺伝

図3　『ウイルスは生物をどう変えたか』講談社ブルーバックス、一九九三年

子を書き換えてしまう、逆転写を行うウイルスであるという点が注目されました。ウイルスはヒトだけではなく動物にも植物にも感染するわけですが、そのウイルスはどうやら宿主の遺伝子を書き換えるという役割をしていることが、この時代に理解されはじめました。こうした私たちの興味の源にあったのは、生命の「情報定義」というものです。DNAの構造は一九五三年にワトソンとクリックによって解明されましたが、生命のいわば「設計図」はDNAを構成するA（アデニン）・T（チミン）・G（グアニン）・C（シトシン）という四つの塩基の組み合わせによって作られています。生命の「情報定義」とはつまり、生命とは情報であるという考え方です。

さらにはその後、リチャード・ドーキンスの『The Selfish Gene』（邦題は『利己的な遺伝子』）が出版されました。この書籍は日本でも何度も版を重ね、今では表紙に「四〇周年記念版」と記されていますが、英語で最初に出版されたのは一九七六年、日本で日高敏隆さんたちによる翻訳（紀伊國屋書店）が出版されたのは一九九一年のことでした。ドーキンスは、生物の進化は種や個体の変化ではなく、自己自身を複製し増殖しようとする遺伝子の闘争の歴史であるという視点を提示しました。つまり、遺伝子が自分自身を複製するために、他の遺伝情報と闘争をした結果が「生命の進化の歴史」である、と考えたわけです。それでは生物はどうやって進化したのかと考えた際に、メッセンジャーとしてのウイルスが大きな役割を果たしたのではないかと捉える——それが「ウイルス進化論」だということになるわけです。ドーキンスは自然界では極めて珍しい、増殖する自己複製子としての遺伝子をタイトルにあるように「利己的」（selfish）と形容したわけです。遺伝子は、ただ盲目的に自分自身の情報を複製し増殖させて保存するということしか意志しておらず、生物の進化の歴史はその結果でしかないと考えたわけですね。これも印象的な比喩ですが、「われわれは遺伝子の乗り物にすぎない」、すなわち生物種とは遺伝子のヴィークルであるとドーキンスは主張したのです。

ドーキンスはさらに、自然界のなかではこのように利己的に増殖する自己複製子は遺伝子しかないが、人間の文化のなかには同様の、情報の自己複製子があるのではないかと示唆しています。つまり人間が作りあげた文化においては、たとえば、こうしてジャケットを着ている、靴を履いているといった事象も、まさしく自己複製する情報にほかなりません。そしてそれは遺伝子と同じように闘争をします。たとえば、私たちがもはや草履を履いたり着流しで歩いたりしないのは、日本の伝統的な衣装という文化的な遺伝子が、ヨーロッパからもちこまれたジャケットやジーンズを着る、という文化的な遺伝子に負けたということを意味します。このように文化的なものも含めた情報の自己複製子を、ドーキンスは「ミーム」(meme)と名づけました。日本語で「ミーム」というとわかりにくいですが、これは一種の語呂合わせです。遺伝子が「ジーン」(gene)であるのに対して、彼は文化的なものも含めた情報の自己複製子を「ミーム」(meme)としたわけです。

さらにこれは意外にもあまり言及されることがないのですが、ドーキンスは近い将来、もしかするとミームが遺伝子にとって代わり、DNAやRNAにまったく依存しない生物が現れるのではないか、つまりミームによる「遺伝的乗っ取り」(ジェネティック・テイクオーヴァー)が起こるのではないか、とその可能性にまで触れています。この遺伝的乗っ取りという概念は、化学者・生物学者であるA・G・ケアンズ゠スミスがそのタイトルからして衝撃的な著作、『遺伝的乗っ取り――生命の鉱物起源説』(紀伊國屋書店、一九八八年)のなかで述べたものなのですが、ここでケアンズ゠スミスによると、生命の起源は、自然界で生命以外に唯一自己複製を行う「結晶」であるとの考えが提示されています。つまり、生命は鉱物から生まれたというわけです。一部の結晶はまるでデータベースのように、その情報を周辺の炭素分子を含む粘土層に転写しますが、そのテープレコーダーのテープのように転写された情報が自立して、つまり道具（テープ）にすぎなかった粘土が自立して遺伝的乗っ取りを果たしたものこそが現在の炭素系生命の起源である、というのがこの『遺伝的乗っ取り』のストーリーというわけです。落ち着いて考えてみると、自己複製する情報、つまり自己複製子としての情報こそが遺伝子なわけですが、たしかに自然界では、自分で増殖する自己複製子というのは結晶しかありません。結晶の本体は自分自身の情報、つまり分子の配列です。そしてそれは文化も同じだといえるでしょう。ドーキンスが語るのは、第二の遺伝的乗っ取りが近い将来起こるのではないか、すなわち鉱物から生まれ、遺伝子に支配されているわれわれ炭素系生命体が、こんどはミームによる新しい生物に乗っ取られるのではないか、という可能性です。

これだけ聞くと違和感があるかもしれませんが、これは議論の的になっています。それは何かというと、ＡＩやロボットです。ちょうど同じころドーキンスとともにＡＬ（アーティフィシャル・ライフ、人工生命）学会の創設に関わったロボット学者のハンス・モラヴェックは、『電脳生物たち――超ＡＩによる文明の乗っ取り』（岩波書店、一九九一年）という本を出しています。モラヴェックはこのなかで、ＡＩは五〇年以内に人間の脳の処理能力を追い越して、スーパー頭脳にロボット身体をもった新しい生命体が生まれるだろうと主張しました。どこかで聞いたことのある話のように思われるかもしれませんが、それはGoogleの技術顧問であるレイ・カーツワイルが二〇四五年にシンギュラリティ、すなわち「技術的特異点」が到来して、ＡＩすなわちコンピュータの知能が人間の脳をはるかに超えていく、という主張を展開しているからでしょう。つまり、カーツワイルもじつは「遺伝的乗っ取り」について述べていると考えることができるでしょう。

ちなみにカーツワイルは「心のアップローディング」（Mind uploading）について述べています。われわれはロボットやＡＩに自分の脳内の記憶や体験を全部アップロードして、百年もしないうちに病気になったり死んでしまったりするような脆弱な体ではなく、絶対に死なない不死のロボット身体に乗り換えることができるようになる、そして、そんなことが二〇三〇年代には実現する、とカーツワイルは予言しています。じつはその元となったのが、このモラヴェックの『電脳生物たち』なのです。

とはいえ、これをどのように捉えるべきか真面目に考えても、すぐにパラドックスに陥ってしまいます。映画『ターミネーター』のような、超AIやロボットと人類が戦うような未来予測とは異なり、私たちがみずから脳内の記憶をミームによる新しい生命体に移行させてスーパーロボットになるから何も怖いことはない、そうすることによって、われわれ人類はスーパー頭脳をもった、しかも不死の生命体に生まれ変われるのだ、といわれても、これはどう考えてもおかしな話です。たとえば、アップロードした元の自分の身体はどうするのでしょうか。私の人格や記憶を移植されたロボットは、自分の「怪物的な分身」であるかもしれませんが、それはけっして私自身ではありません。新しく生まれるのは、私の記憶をもったロボットなのかもしれませんが、残された私自身の身体、私自身の脳はそのまま残るわけです。このパラドクスを解消するには即座に「元の身体」、あるいは「元の脳」を破壊しなくてはいけないということになりますが、それはあまり愉快な未来予測だとはいえないでしょう。

先を急ぎましょう。大切なことは、一九九〇年代の初頭にすでに生命を「情報」として、さらには「記号現象」として捉える流れがあった、ということです。記号論的な文脈でいえば、まずトマス・シービオクの『動物の記号論』(勁草書房、一九八九年)をあげることができます。さらに、記号論を人間以外の生物まで広げて考えたデンマークのジェスパー・ホフマイヤーの『生命記号論』が一九九六年に登場します。そして先ほど申し上げたとおり一九九三年の学会誌でも、当時の坂本百大会長が生命記号論についての論文[*4]を発表されています。生命記号論は一九九〇年代から二〇〇〇年代にかけて、国際記号学会でも非常に有力かつ大きな流れを形成しました。さらに二〇〇一年に私たちが出版した学会二〇周年記念誌『記号論の逆襲』でも、当時の会長であった山口昌男氏のインタヴューと並んで、生命記号論が一つの目玉でした。この特集では、吉岡洋さんによる東京大学の西垣通さんへのインタヴュー「テロリストは生命記号論の夢を見たか?」や、今日も会場にいらっしゃる金光陽子さんによる、アレクセイ・シャロフの論文「生命記号論とは何か?」の翻訳などが収められています。余談ですが、その記念誌の表紙は「逆襲」にちなんでゴジラにしたかったのですが、その版権はとても高くつくということで、本セッションにもZｏｏｍ経由で参加してくださっているモトナガケイコさんというデザイナーの方にオリジナルのキャラクターをデザインしてもらいました(図1)。これは山口昌男さんのイメージにも合っていて、よかったのではないかと思っています。

これらに加えて、ＩＡＭＡＳで行われた大会をもとに編集された記号学研究22『メディア・生命・文化』(東海大学出版、二〇〇二年)についても紹介しておきたいと思います。この大会では吉岡洋さんや西垣通さんのほか、川出由巳さん、松野幸一郎さんをお迎えして、「生命記号論と内部観測」というセッションを行っています。川出さんは一九九四年の記号学研究14『生命の記号論』に「生命の基礎としての分子の記号作用」と題する原稿をお願いした方でもあり、二〇〇六年には『生物記号論――主体性の生物学』(京都大学学術出版会)という本を上梓されている生物学者です。松野さんはホフマイヤーの『生命記号論』の翻訳者でもあり、その後二〇〇〇年に『内部観測とは何か』(青土社)という本を出版されたこともあり、ゲストとしてお越しいただきました。

これら一連の流れが意味するのは次のようなことがらです――従来の記号論は「文学の記号論」

＊4　坂本百大「「曖昧」の記号論――その論理と哲学」記号学研究13『身体と場所の記号論』東海大学出版会、一九九三年。

や「テクストの記号論」といった具合に、「意味」により支えられる人間の文化にのみ適用されるものだと考えられてきました。すなわち、それは機械論的／決定論的に記述される自然科学の領域とは明確に区別されるべきものとしての「文化の学」が記号論であると考えられてきたわけです。ところが遺伝子やゲノムといった情報が生物の機構や進化のあり方を規定していることが理解されるようになると、記号現象はむしろ生物の世界全体にも見出すことができる、ということになってきます。先ほどのシービオクの動物記号論もまた、フォン・ユクスキュルが提唱した「環世界《ウムヴェルト》」(Umvelt) を記号論的に読み取ることによって、記号論を人間以外の動物にまで拡張しようと試みたものだといえるでしょう。また、ホフマイヤーの生命記号論は、チャールズ・サンダース・パースの記号論を基盤としつつ、生物の器官や細胞のレベルから、生物種や系全体でみられる例えば進化のプロセスまでをも記号現象として捉えようとする視座を提起しています。さらに彼は、生物が誕生する以前の宇宙のなかにも、形態やパターンを生み出す仕組みとしての記号過程を見出す可能性にまで言及しています。

東京大学の西垣通さんは、一九九〇年代の終わりから二〇〇〇年ぐらいにかけて、東大で文理融合の大学院である情報学環を立ち上げるにあたって、自然科学と人文科学を通底させる新たな情報科学を「基礎情報学」として提唱されました。これは残念ながら幅広く継承されているとはいえないかもしれませんが、このなかで西垣さんは、自分の構想する基礎情報学が生命記号論と極めて近いものであると書いておられます。これらの試みに共通しているのは「情報」概念、さらにはパースの「記号過程」(semiosis) や「解釈項」(interpretant) といった概念を、文化の領域を超えて、生物の世界を含む自然界、さらには宇宙全体の生成過程にまで拡張して捉えようとする姿勢です。記号概念を「人間の文化」の外部にまで拡げるためには、その記号やテクストをいったい誰が発信したのかという問題がどうしても残ります。先ほど紹介した一九九三年の大会でいちばん私の印象に残ったのは、ゲストの畑中正一さんがシンポジウム後の質疑応答で、「ウイルスの振る舞いを見ていると、その背後に誰かしらプログラマーのような存在を考えずにはいられない」というような発言をしたことでした――これは、つまり「神」の問題です。神のような存在が背後にいてそれがプログラミングしたとしか考えられない。すでにとりあげたロボットのような「タバコモザイクウイルス」の姿をみても、それがコアセルベートのような不定ウイルスから自然に生まれてきたとは思えないので、ウイルスを専門とされている畑中さんですら、神の領域を想定せざるをえなくなるということです。つまり私たちがいま「記号」として解読しようとしているものは、はたして誰が書いたのか。その一方で、自然科学的な態度に徹しようとすると、むろん神を前提とした記述を行うわけにはいきませんし、人類が誕生する前から記号現象が存在していたとするならば、それをたんなる主観的な解釈ではありえず、客観的な現象だと考えなくては辻褄があいません。この問題を、さまざまな人々が過去に解決しようとしてきました。例えば生命記号論を提唱したホフマイヤーは「原主体性」のような概念を提唱しています。つまり、これは人間や生物が誕生する以前の宇宙にも、ある種の「主体性」のようなものがあったはずだという捉え方です。また西垣通さんはオートポイエーシスとアフォーダンスという、一見すると対立するかにみえる別の考え方を持ち出していますが、これは必ずしも成功しているようにはみえません。つまり宇宙や世界や生命が無限の記号過程であるとすると、その記号やテクストをいったい誰が書いたのかという、いわば超越論的な問題が必ず残ってしまうわけです。

もともと記号論は関係論的な科学でした。それは世界を実体として捉えるのではなく、読まれるもの、コード解読されるものとしての記号の織物、すなわちテクストとして捉える立場を提起したものでした。それゆえ記号論は「言語」や「記号」、「認知」といったものに着目したのです。しかしながらこれをそのまま生物や非生物の領域に適応しようとすると、たちまちパラドクスに行き当たります。つまりもし記号過程があるとすれば、それはかならず「発信者」「記号」「受信者」という三項を前提としてしまうわけで、そしてまた「解釈項」は、それを意味として受けとる受信者の存在を前提としており、発信者の問題のみならずいわば一種の「観測問題」が生じてしまうのです。しかしこのパラドクスは、私たちにとって必ずしも未知のものではありません。それどころか、カント以降の近代哲学の歴史のなかでつねに問題とされてきたことでもあります。つまりこの問題は、認識論的な領域とその外部としての超越論的領域とのあいだの問題であり、最近また話題になっている思弁的実在論という形であらためて問題とされているのと同様のパラドクスなのです。先ほど触れた松野幸一郎さんの『内部観測とは何か』も、この問題を扱ったものです。内部観測の問題とは、あるシステムを記述するときに、そのシステムを十全に記述するためには外部の視点が必要なわけですが、しかし観測しているわれわれ自身がこのシステムの内部にいる以上、システム全体を客観的に記述することはわれわれには不可能ではないのか、という問題です。これは、生命を記号現象として記述しようとするさいのパラドクスと同じ問題だといえるでしょう。

さて、その一方で一九九〇年代から現在に至るまでのあいだ、世界を圧倒的な速度で支配していったのはサイバネティクス的な思考であると思われます。ノーバート・ウィーナーは世界最初のコンピュータＥＮＩＡＣの登場直後にあたる一九四八年の時点で、『サイバネティックス――動物と機械における制御と通信』[*5]を発表しました。このとき哲学者のマルティン・ハイデガーがいちはやく警戒して反発しましたが、一般にはほとんど読まれることはありませんでした。それでもコンピュータ科学の進展とともに、これは私たちの世界の中で支配的な思考法となっていきました。これ

＊5　邦訳は、ウィーナー『サイバネティックス――動物と機械における制御と通信』池原止戈夫ほか訳、岩波書店、一九五七年。

はたいへん重要な文献ではあるものの、コンピュータ科学者も含め実際に読む人は少ない——しかしながら今の世界は、実質的に、この本が示したような世界になっています。二一世紀は、サイバネティック・ワールドとしてはじまったのです。

もともとサイバネティクスは「制御」（コントロール）と「通信」（コミュニケーション）という二つの概念を前提として、動物と機械、さらには自然界をも記述しようとする総合科学の試みとして企図されたものでした。その意味で、サイバネティクスもまた「関係性の科学」なのです。それは世界を情報のネットワークとして一元的に捉え、世界をそのあいだの通信と制御によって把握し、すべてを関数として記述しようとするような思考法です。当然のことながらＡＩ（artificial intelligence: 人工知能）もＡＬ（artificial life: 人工生命）も、こうした思考法の延長線上に出現したものだといえるでしょう。そこでは、コンピュータ上のシミュレーションによって、動物や機械の振舞いを完全に記述し制御できると考えられます。すなわち飛行機のコックピットは実機でもシミュレータでもまったく変わらないし、「く」の字型に飛ぶ雁の群れの振舞いは、現実においてもコンピュータ・シミュレーションにおいてもまったく変わらない等価なものであるというような考え方——つまりシミュレーションと現実は同じであるという考え方なのです。こうした考え方はＡＩ科学やロボット工学をはじめ、あらゆるシステム管理を貫くものなのですが、本質的に「サイバネティクス的」といえるでしょう。いま話題になっている自動運転のタクシーは、たしかに乗客にとっては「運転手の乗るタクシー」と機能的に同一のものを目指しています。しかしそこには運転手はいないわけで、運転手という人間の存在、いわば彼の身体や個性や、さらにいえば実存を完全に無視した実体を欠いたものです。目的のためには、そのようなものは必要ないというわけです。

ここで一つ動画[*6]をご覧いただきたいと思います。ご存じの方も多いと思いますが、ここには最

＊6　https://www.youtube.com/watch?v=wlkCQXHEgjA&t=2s（アクセス日：二〇二三年三月四日）

近、孫正義のソフトバンクが買収したことで話題になったアメリカのロボット会社、ボストン・ダイナミクスのロボットが登場します。これは犬型のロボットなのですが、私たちがこれをなぜ犬型のロボットだと認識するかというと、動きがいくぶん犬に似ているからです。ですが、あらゆるロボットと同様、それが実体として犬そのものに似ているというわけではありません。まず、このロボットはまず筋肉をもっていません。これはいわゆる「エクソスケルトン」、すなわち固い金属で作られており、関節部分がモーターで動いているだけです。犬の動きに似てはいるけれども、犬そのものの存在とは似ても似つかないわけです。孫正義さんがこの会社を買ってくれたのは良いことで、軍事技術に応用されたらかなり恐ろしいことでしょう。先日Netflixで、これがどこまでも追いかけてくる恐ろしいロボットとして描かれているSF映画を観ましたが、そんなことがあったら本当に怖いですよね。動きだけを見ていると犬に見えますが、「実体としての犬」と「実体としてのこのロボット」のあいだには、何の共通性もありません。シミュレーションとはこういうものである、という一つの例だといえると思います。

記号論は、その前身であったソシュールが提唱した構造主義言語学とともに、人間の文化を構造（structure）として捉えようとするものです。ここでいう構造とは、たんなる「形式」とは異なり、部分と全体が一体であって切り離せないもののことです。例えば建物でいうと「天井」「床」「窓」は、部分に分解してしまうとただの木材、ガラスといった部材でしかなく、もはや天井でも窓でもなくなってしまうわけです。このように全体と部分が一体のものを「構造」と呼び、それを文化、言語といったものにあてはめて考えるのが構造主義だったわけです。またすでに述べたように、記号論はその領域を文化の外側、つまり動物や生命現象、自然界にまで拡張しようとしてきました。サイバネティクスと記号論は、じつはその意味において極めて親和性が高いのです。

私自身はこうした状況のなかで、記号論は従来のあり方を変えていかないとサイバネティクスに吸収されてしまうのではないか、という危機感をもつようになってきました。というのも国際記号学会に出席すると、とりわけヨーロッパの記号学者たちがいわゆる英米系の認知科学者の代理をするケースが目立つようになったからです。そこで私が考えついたのは、記号論がずっと慣れ親しんできた「構造」とか「システム」とかいった思考法を捨てて、逆に、自然科学からとられた「気象」という概念を人文科学の領域に持ちこむというものでした。これは二〇〇〇年に、私が出した『哲学問題としてのテクノロジー——ダイダロスの迷宮と翼』（図4）のなかで提起した「文化の気象学」というものです。気象は分節されてもおらず分節することもできません。部分と全体ということを分けることはできないのです。しかしそれは記述できますし、確率論的にではありますが予測もある程度は可能です。文化を「構造」や「システム」としてではなく、むしろ「気象現象」として語れないだろうか——この問題意識は、ますますシステム論的で制御主義的になっていった記号論をとりまく状況に対する抵抗として着想したものでした。そして日本記号学会でそのことを正面からテーマとしてとりあげたのが二〇〇五年に刊行されたセミオトポス1『流体生命論』（慶應義塾大学出版会）でした。ここでは、もともと一九七二年に出版され、ちょうどこの頃に再刊された野口三千三の『原初生命体としての人間——野口体操の理論』（岩波書店、二〇〇三年）という著作をもとにして、新たな記号論的生命像を浮かびあがらせようと試みました。野口という人物をご存じではない方も多いかもしれませんが、ぐにゃぐにゃとしたクラゲのような動きで知られる「野口体操」の創始者であり、彼によれば人間の体とは、ロボットのような自動機械とは逆で液体なのだというわけです。ここで、彼の言葉を引用してみましょう——「体の主体は脳ではなく体液である。脳、神経、骨、筋肉、心臓、肺臓、胃腸等々は、体液の作り出した道具、機械であり、工

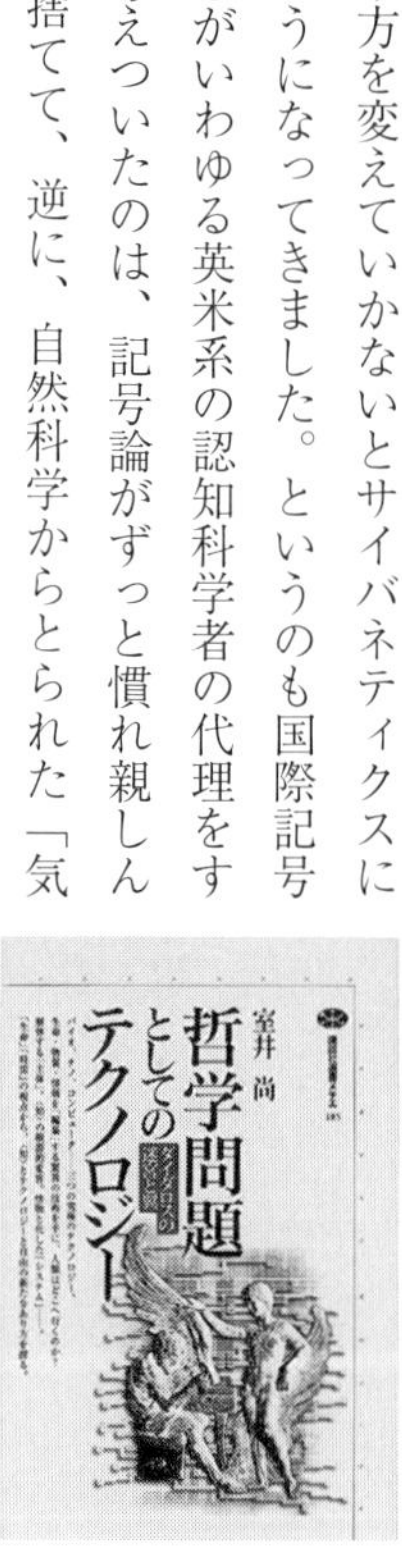

図4　『哲学問題としてのテクノロジー』講談社、二〇〇〇年

場でもあり住居でもある」。

野口の本では、生命の原初的な在り方は、アレクサンドル・オパーリンがいった「コアセルベート」、つまりアメーバのような膜をもち様々な有機物を溶かしこんだ液状のものとして語られるのです。つまり、それはまさしく気象現象のように切れ目がなく、つなぎ目のない運動、まさしく流体としての身体なのです。もちろんこれは普通に考えると、そうはいってももし骨や筋肉がなければそれは野口体操ですらできないでしょうし、内臓が癌などですべて駄目になれば動くこともできなくなるという点では、やはり生物は骨や筋肉、内臓はもちろん、神経伝達系や内分泌の仕組みによって生かされているというのは当然のことかもしれません。そしてそれらは「生命記号論的」であり「サイバネティクス的」であるものです。しかしながら同時に、ここで私たちが提起したかったのはＡＩやロボット工学ではけっして解消されない、いわば巨大な潮流としての生命という「非関係論的で実体的な生命像」への再回帰でした。サイバネティクスに解消されない身体、そして「生命とは何か」という問いかけがまさに必要なのではないか、と考えたのです。そしてそれは、エネルギー論的であり流体力学的であり気象学的な途切れない運動としての生命観であり、ＡＩやロボット工学が差しだす生命イメージとは鋭く対立するものだと思います。

さて、ドーキンスは『利己的な遺伝子』の一九八九年版の前書きのなかで、ネッカーキューブと呼ばれる錯視図*7を引用しています。これは従来の生物種を中心とした進化論に対して、彼みずからが提出している遺伝子中心の進化論は実体的に対立するものではなく、視点のとり方によって物事が違ってみえるという点を示す例として持ち出されているのです。この図の立方体は、どの部分が手前にあるかということに着目すると、二つの異なる立方体に見えます。つまり上の面、天井面が見えている立方体の図として捉えることもできるし、底面から見上げた立方体の図として捉えるこ

＊7　ルイス・アルバート・ネッカーが一八三二年に考案した錯視の立方体。

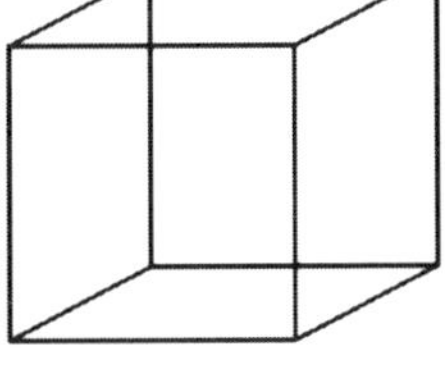

図5　ネッカーキューブ

ともできるわけです。さらにいえば、これは透視図であるという意味で、立方体ですらありません。ここからドーキンスは、自分が提唱している「利己的な遺伝子」という説は、こういった視点のとり方によって見え方が違うと指摘しているわけです。問題はどちらの視点のとり方をしたほうが、より生産的でより開かれた視点を提起できるかだ、というわけです。私の主張も、生命記号論的なものの否定ではけっしてなく、こういう視点をとることが新しい生産的な議論を産みだすのではないかということです。

なお、この『流体記号論』以降、日本記号学会は「生命」を直接的なテーマにとりあげることはしていません。ファッション、ゲーム、オタク文化といった個別の領域を扱ってきましたが、もはや、こうした原理的な思考をするような余裕がなかったこと、とにかく学会を維持することに必死だったように思います。しかし、こうして第四〇回の記念大会において、ふたたび記号学会で「生命」をとりあげることになり、私としても大きな期待感を抱いています。生命の問題は、私たちが一貫して追い求めてきたテーマでもありますし、今回の大会の、最近カーツワイルやGoogleのAI戦略によって注目を集めている（私たちからみれば）非生命的な生命観、さらには発酵／腐敗といったまさしく流体生命論的な問題設定にも非常に大きな期待を寄せています。なによりもこの大きな歴史的変動のなかに生きる私たち全員にとって、このようなテーマで自由に議論できる機会が与えられたことにはたいへん感謝しております。改めて皆さんに御礼を申し上げたいと思います。ご清聴ありがとうございました。

機械生命論

三原聡一郎・児玉幸子・吉岡洋（司会）

1　機械生命論とは何か（吉岡洋）

セッションのタイトルである「機械生命論」とは、「生命機械論」を逆立ちさせたものです。「生命機械論」とはごく単純化していえば、「生命とは複雑な機械にすぎない」と主張する自然観の総称であると理解しています。つまり世界には生命と単なる物質が存在しているようにみえる。常識的世界観ではそうなんですが、「生命機械論」によればそれは見せかけであって、私たちが生命だと思っているものは物理化学的な相互作用の結果にすぎない。生命を生命たらしめている特別な、非物質的な動因は存在しない。これが「生命機械論」ですね。

生命を機械の作動とする考え方というのは、アリストテレス（Aristotelēs 前三八四―三二二）、ローマ時代の医師ガレノス（Galenus 一二九頃―二〇〇頃）にも見られるのですが、古代からデカルトまでの機械論は、同時に機械を動かす非物質的原理（動物精気 spiritus animalis）の存在も許容していた。「生命機械論」がより徹底された形で表明されるのは一八世紀後半、啓蒙主義時代のヨーロッパですね。デカルト（René Descartes 一五九六―一六五〇）以後の医学・生理学を急進化させたフランスの唯物論が「生命機械論」のピークです。

医学における臨床教育の基礎を築いたブールハーフェ（Herman Boerhaave 一六六八―一七三八）、

そこに学んだド・ラ・メトリ（Julien Offray de La Mettrie 一七〇九―一七五一）というフランス人の医師がいます。彼はオーストリア継承戦争に軍医として従軍し、帰還した直後に『人間機械論』（一七四七年）[1]という本を書く。このタイトル（L'homme machine）は、デカルトの「動物機械」（animal-machine）の「動物」を「人間」に置き換えたものですね。

デカルトは思考（心・精神）と延長（物質）の二元論で、人間とはそれらを併せ持った存在です。一方、動物はただの機械なのですね。人間の身体はどこかで非物質的世界に繋がっているはずなので、そこにいわゆる「心身問題」が生じる。それに対してブールハーフェは、人間の身体も機械だと主張した。つまり、動物と人間の身体のあいだには、なんら哲学的・形而上学的な境界は存在しない。しかし言い方は穏やかです。それを唯物論的・決定論的な急進主義で語ったのがド・ラ・メトリの『人間機械論』です。

それは当然、キリスト教と衝突することになる。形而上学的・哲学的レベルにおいてはもちろん、一八世紀の唯物論・決定論というのは伝統的道徳からの自由を含意しており、快楽主義、ヘドニズムとも結びついているんです。性的な快楽主義を暗示する側面があり、これも攻撃された理由なんです。普通の思想史の本では強調されないんですけども、機械論というのは性的リベラリズムと相性がいいんですね。

こうした機械論に対していわば反動思想として現れるのが、広義のロマン主義です。つまり「生命とは機械である」という主張は、常に「生命は単なる機械ではない」という反論とセットになっていて、相補的な関係にある。両者の根底には、精神vs.物質という形而上学的前提があるわけです。

ロマン主義は文学や芸術の中だけではなく科学の内部にもあります。たとえば「生気論」（vitalism）と呼ばれる伝統では、生命には何らかの非物質的な力の介入が必要であると考える。そういう考え方は昔からあるんですけれども、生気

*1 ド・ラ・メトリ『人間機械論』杉捷夫訳、岩波文庫、一九五七年。

論を一九世紀の生物科学を背景に定式化したのがドリーシュ（Hans Adolf Eduard Driesch 一八六七―一九四一）です。彼はウニの初期胚を二つに割ると、半分ずつのウニができるんじゃなく完全なウニが二つできるという事実から、それを生命の非物質的な力と考え、「エンテレヒー」(Entelechie）と名付けた。エンテレヒーというのは「エン（中に）」＋「テロス（目的）」、つまり目的を内部に含みこんだ力という意味です。

こうした話をするのは別に思想史の講義をするつもりじゃなくて、「機械 vs.生命」という枠組みが哲学や科学だけじゃなく、生命をめぐる私たちの基本的想像力のパターン、ハリウッド映画などのポピュラーなSF的想像力のパターンをも決定しているからなのです。

例えばそれはAIをめぐる問いの形をも決定しています。我々はすぐに「AIは人間を超えるのか」みたいな問いを立ててしまう。それはその根底に「機械 vs.生命」という前提があるからなんですね。さらには「シンギュラリティ」を成り立たせているのも「機械 vs.生命」です。僕の周りにもカーツワイル（Ray Kurzweil 一九四八―）みたいなシンギュラリティ*2の到来を唱える人がいて、哲学者はそれにどう答えるのか？みたいに訊かれたりするんですが、正直興味がないんです。機械になりたい人は勝手になればいい。こういう現代的な議論の根底にも一八世紀以来の問題が全然克服されずに残っていると感じます。

こういう世界観には、不自由で居心地の悪さを感じる。生命機械論とヒューマニズム、唯物論／決定論とロマン主義、それらの対立の根底にある「機械 vs.生命」という枠組みが問われていないからです。これを問うには現代の最先端科学を参照するのではなく、その土台となっている一九世紀の議論を想起する必要があると思います。最近ドリーシュの本が翻訳されました。*3 生気論、エンテレヒーといった話題は、今日では即オカルトっていう烙印を押されるんですね。現代の著名な科学者でいうと、DNA二重らせんの発見者のひとりであるフランシス・クリック（Francis Crick 一九

*2 カーツワイルの提唱するシンギュラリティ（技術的特異点）とは、情報テクノロジーの指数関数的な発達が人間の知性を凌駕する段階のこと。人間がその精神を機械に転送すること（マインド・アップローディング）も可能になる。

*3 ハンス・ドリーシュ『生気論の歴史と理論』米本昌平訳、書籍工房早山、二〇〇七年。

一六―二〇〇四）、いわゆる「サイエンス・ウォーズ」[*4]の起因となった物理学者のデイヴィッド・ソーカル（Alan David Sokal 一九五五―）、それから僕の学生時代にすごく読まれた『偶然と必然』[*5]を書いた生物学者のジャック・モノー（Jacques Lucien Monod 一九一〇―一九七六）、これらの人々はエンテレヒー的なものを否定することを、科学者の使命みたいに思っていますね。

　僕はこの数年ファルマコン（Pharmakon）という言葉が気になっていました。ファルマコンとは薬と毒を両方併せ持つこと、両義的な世界観を表すキーワードですが、それを手がかりにして、対立ではなくて重ね合わせみたいなものを考えようとしてきた。つまり「機械vs.生命」の「vs.（ヴァーサス）」に対して、重ね合わせ、あるいは「何々ではない」という関係を基にしたロジックで考えることはできないかと。発想源の一つは、アルフレッド・コージブスキー（Alfred Korzybski 一八七九―一九五〇）というポーランドの論理学者が、「対」ではなく「非」にもとづく一般意味論を提唱したことです。その当時、一九四〇―五〇年代にはわりと話題になりました。面白い影響の一つはヴァン・ヴォークト（Alfred Elton van Vogt 一九一二―二〇〇〇）というカナダのSF作家が、『非《ナル》Aの世界』[*6]というSF小説を書いた。「A」というのはアリストテレスのことで、つまり同一性や演繹的推論を超越した論理ということなのですが、時間がないのでこの話はここまでにしておきます。

　最後に、三原さんに話を渡すために、イマヌエル・カント（Immanuel Kant 一七二四―一八〇四）の『判断力批判』という本の中からあるエピソードを紹介して終わりたいと思います。それは三原さんの作品とも関わるし、機械vs.生命、自然vs.人為という「対」についてのエピソードだからです。

　詩人たちがこよなく賞賛してきた中でも、静かな夏の宵、やわらかな月の光にひっそりと浮かびあがる木立の中から聴こえる、うっと

*4　一九九〇年代に北米圏を中心に起こった論争。人文・社会科学者による科学論や科学的概念の活用に対して、ソーカルをはじめとする科学者が激しく攻撃した。

*5　ジャック・モノー『偶然と必然――現代生物学の思想的問いかけ』渡辺格・村上光彦訳、みすず書房、一九七二年。

*6　A・E・ヴァン・ヴォークト『非Aの世界』中村保男訳、創元SF文庫、一九六六年。

りさせる美しい夜啼鳥の声にまさるものはない。だがある時、招いた客たちをそうした田園の長閑な雰囲気でもてなそうとした主人が、たまたま夜啼鳥がいなかったので、茂みの中に一人のいたずら小僧を隠しておいたことがあった。その子は（草切れか笛か何かを口に当てて）本物そっくりの音色を真似ることができたのである。ところが、鳥の声が偽物だったと露見すると、さっきまであんなにうっとり聴きほれていた客たちは、もう聴こうとはしなくなった。〔…〕私たちが美そのものに直接的な関心を抱くためには、美は自然であるか、あるいは自然とみなされなければならないのである。

（カント『判断力批判』第二四節「美への知的関心について」、訳は吉岡）

○質疑応答

室井尚　室井です。問題が複雑になってくるのは、機械と生命というテーマをアートとして作品化する場合には、やはり「機械生命」、生命のシミュレーション、AI的なシステムといったかたちで、生命に似た振舞いを見せることになると思うんです。それはたとえばボストン・ダイナミクス*7とは違って、アートとして人に提示しようとすると。で、アートというのは、例えばもっと古典的なアートでも、例えば彫刻でも絵画でも、やっぱり自然だとか生気みたいなものを、いかに人に伝えるかっていうようなところがある。それはやっぱり生命を作品の中に取り込む、取り込もうとするっていうところがそこに加わるわけですね。まあボストン・ダイナミクスのロボットはけっこう生命的だと思うんですけど。あとテオ・ヤンセン（Theo Jansen 一九四八―）の、砂浜をパタパタパタパタ自走する機械を映像で見るとき、これはなんなんだと。別に本人はあんまりアートだと思ってないんですよね、あれ。で、ああいうものっていうのは、それ自体で僕たちの心を動かすんですけども、そこにアーティストによる表現っていう

*7　先進的なロボットの開発を行なっているアメリカの企業。

か生命をいかに表すかみたいなことが加わってくると、さらに複雑になってくると思うんです。

そこで吉岡さんの話がやっぱりすごい気になってくる。ようするに生気論と機械論を対立させるのではなくて、じゃあどうするのか。そしてファルマコンというのがよくわからないんですね。つまり機械と生命とを対立させないというのは、じゃあ連続させるの？　null の世界というか非の世界というふうにおっしゃったけども、それはつまりどういうことなのか。対立させるのではなくて、こういうものを現象させるアート作品を生命現象と連続させた方が面白いっていう話なのか。

それからもう一つ考えたのは、これは一種のチューリング・テストみたいな話なのか。チューリング・テストっていうのは、人がみるとまるで生きているようにみんなが錯覚してしまうものを作り出すっていう話なのか。あるいは昔のライフゲームみたいに、まさしく進化のプロセスっていうものはこのシミュレーションと基本的には同じなんだっていうかたちで繋げるものなのか。その辺りのところを、ちょっと吉岡さんから補足してほしいと思います。

吉岡　最後の点に関しては前者ですね。シミュレーションではないと思う。「シミュレーション」という概念の背後にもやはり生命と機械を対立させる強固な枠組みがあって、それが我々の近代的世界観を規定していると思うんですね。そこから理論的な思考だけを使って脱するというのは難しいので、アート作品を一つの手がかりにする。僕が関心を持ったのは、システムとその外部との「間《あいだ》」なんです。

室井さんの話を受けていうと、「間」を表現するには二つ方向性があると思うんです。一つは、流体的なもの、本当に生きてるもののイメージを作品に使うということで、これは非常にパワフルで説得力があるけれども、ロマン主義に落ち込む危険がある。つまり科学の言説と馴染まず、完全な「対」になってしまって、単なる「憧れ」みたいになります。もう一つは、外部をどうやってシステムに取り込んでくるか、松野孝一郎さんの

「内部観測」みたいな関心ですね。経験できないものをどうやって経験するかっていうことで、この点で芸術と繋がっているという感じです。

室井　でも最後に引用したカントのエピソードで言えば、子どもが鳥の鳴き声を真似していると聞いたらみんな突然関心をなくしてしまうというのはやっぱり、そこに外部としての自然みたいなものが前提とされないと、誰も美としてそれに感動しないんだという話でしょう。それは、そうなんじゃないんですか。

吉岡　違うと僕は思っている。カントのあのエピソードというのは、別にお客さんたちが「インチキだ」と言って怒り出したとは書いてないんですね。これは僕の想像するシナリオだけど、最初は「なあんだ」って言って客はがっかりしたんだけども、やがて、聞き違えるくらい鳥の鳴き真似のうまい少年を「すごいなあ、お前は天才だ」って賞賛しはじめるかもしれない。つまり人工的技術と分かっていても、その技術の中に自然が入り込む。カントの言う「天才」とはそういう意味なのですね。

佐藤守弘　「生命機械論」とは「生命を機械としてみなす」という考え方、あるいは「生命は機械である」というメタファーみたいなもので、人間の身体や臓器などをシステムとして捉えるわけですよね。ちなみに、いまぼくは「急性膵炎」というものになっていて、それは膵臓が食べる物を溶かす膵液を出しすぎて自身をも溶かしてしまうっていう病気で、僕はそれを「マルクス・ブラザーズ」[*8]みたいだな、と思ったりもするわけです。それはそれで連想としては面白いんですが、今回のタイトルの「機械生命論」をそのまま先ほどと同じかたちでいったら、「機械を生命として扱う」と思ってしまうんですよね。それとどう違うんだろうか。例えば、細馬宏通さんが二〇〇一年に翻訳された『人はなぜコンピュータを人間として扱うのか』[*9]とか、それこそもっと昔のピュグマリオンの話とか、機械に人間を見てしまうことがあると思います。これは「対立ではない」とわかりつつも、「あれ、これって対立じゃないのかな」と

＊8　映画『マルクスの二丁拳銃（Go West）』（MGM、一九四〇年）で、列車の車体を壊して、それを燃やすことで走り続ける蒸気機関車のことを指す。

＊9　バイロン・リーブス、クリフォード・ナス『人はなぜコンピューターを人間として扱うか――「メディアの等式」の心理学』細馬宏通訳、翔泳社、二〇〇一年。

も思ってしまったわけです。そのあたりについてコメントをいただきたいなと思います。

吉岡　僕は機械と生命とは完全に表裏として重なっていると考えているんです。ようするに、生命が機械のようにふるまったり、機械の中に生命を見たりするっていうのは、本当は同じ事態を両側から見ているだけではないかと……。というのは、機械論／還元論とロマン主義や生気論というのは相補的ではないか。室井さんはハイデガーの話もしたけども、ハイデガーがサイバネティクスにいち早く反応したのはそれを敵視したからではなく、サイバネティクスに深く魅了されたからだと思う。私たちは機械の発達に不安を感じながらも、本当はみんな機械が好きで、機械が生きているかのようにふるまうのを見たくてしょうがないんじゃないか。

前川修　一口に機械って言ってもいろんな機械があると思うんです。それが一九世紀の蒸気機関なのか、今のコンピュータなのか、そのモデルが何なのかっていう差異がありますよね。機械仕掛けということで、そうした違いのあるものを同じように議論してよいわけではないですよね。

吉岡　そのとおりです。サイバネティクスは大きなブレイクスルーだと思います。サイバネティクスによって、一八世紀の機械論で支配的だった時計のような古典的機械モデルが刷新され、機械を生命の問題と結びつけることになりました。現代において私たちが「機械」と言うときは、普通サイバネティクス的な機械のことを意味していると思います。それにもかかわらず、「機械 vs.生命」においては、議論のパターンが基本的には一八世紀以前とおんなじではないのか、というのが僕の論点です。

2　《想像上の修辞法》（三原聡一郎）

吉岡　三原聡一郎さんはＩＡＭＡＳ（情報科学芸術大学院大学）の卒業制作の頃から、何というか非常に「アウトドア」ですよね。メディアアートというと普通は屋内の閉じた空間を想定していますが、彼の場合には外の環境との相互作用というか、システムとその外部との関わりみたいなところが非常に重要なテーマとなってきた、そういうタイプのアーティストだと僕は理解しています。

三原聡一郎　今から僕がお話するのは、要素としては、吉岡先生の話で最後に触れられた、カント『判断力批判』に登場する鳥のさえずりのモチーフなんです。鳥の声を少年が真似していたと知ってお客さんたちがガッカリした原因を先ほどの文章から推測すると、やっぱり主人にそう思わせたい意識があって、それにまんまと乗せられてしまったみたいなことがあったのかなと思います。で、僕がこれから紹介する作品は、こういうものなんですけど（図1）。作者の意思みたいなものだとか、意図みたいなものを、ぎりぎりまで切り離せないかなと思って、わりと厳密に設計して、状況まで想定をしている作品なので、その話を膨らませられればなと思います。

　記号学会に初めて来たので、ちょっとだけ自己紹介からしたいと思います。吉岡先生からご紹介があったように、僕はＩＡＭＡＳの出身で、そのときから展示環境などのフレームの設定されたメディアアートで、インタラクションのシステムの中身のコンテンツを作るというよりも、独自の装置をＤＩＹで開発して展示するというようなことをしていました。さらにそれを美術館などのしっかりと鑑賞してもらえる状況より――さっき「アウトドア」といっていただいたんですけど――電源の引いていない山の中だとか、そういうところに行って自然環境の中で、装置がどのように見えてくるのか、体験できるのかみたいな、そんな作品を作ってきました。

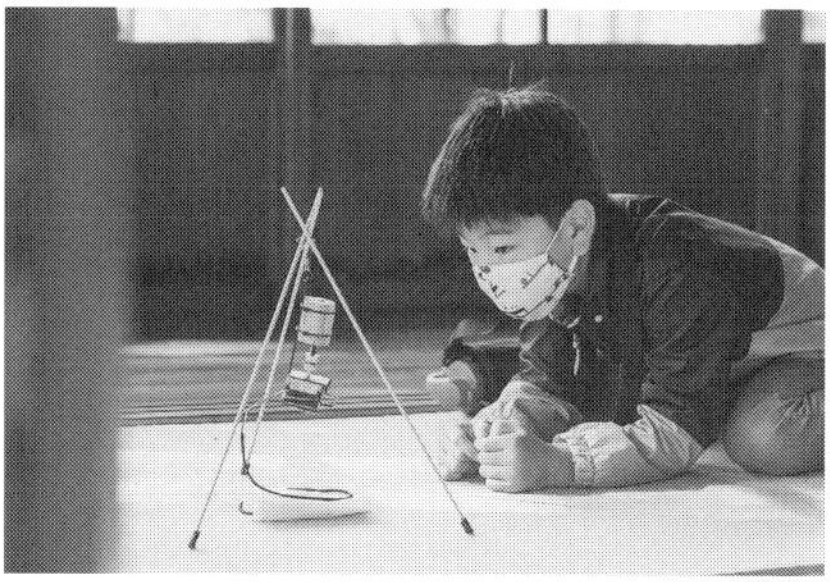

図1　三原聡一郎《想像上の修辞法／Imaginary rhetoric》（二〇二〇年、科学と芸術の丘＠戸定邸、撮影：川島彩水）

　この作品が鳥の鳴き声、もしくは何か有機的なふるまいに至る前に、どういうふうな制作の流れで出てきたかっていうと、最初はサウンド・アートと言われるような、音楽の文脈ではなく、装置や状況をうまく使って音の発生や聞こえ方の面白さだとか、そういうものに注目して作品を作っていたんです。だんだんそこからシフトするきっかけがいくつもありました。その一つが、ちょうど

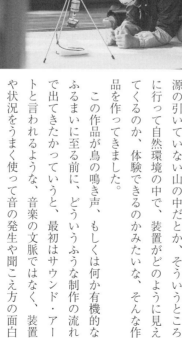

もう半年くらいで一〇年になる東日本大震災のときなんですね〔二〇二〇年一一月現在〕。僕にとってそのときにショックだったのが、当時は山口に住んでいたんですけど、実害みたいな直接的な経験がなかったにもかかわらず、スーパーなどから飲料水がなくなったりして、「生命のインフラ」みたいなものを考えるようになりました。メディアアートをやっていると電気使用の問題などがあったりするわけですが、それをどう捉えるかみたいなことを考えはじめたんですね。なので、メディアテクノロジーを使って、それが技術として成立できることを前提としたものではなくて、エネルギーだとか、あと僕たちがふつうにそれを知覚する生命みたいなもの、そういったエネルギーと生命の問題にシフトしてきました。なので、テクノロジーを社会的な視点と結びつけて制作しようとしていたんですね。

それを《空白のプロジェクト》というシリーズで行って、四つの作品を作りました。その四作品は、それぞれ震災の印象、あとは原子力発電所の事故が最終的に起こったので、その放射線について。もう一つは、未来のエネルギーについて。微生物を使った発電のシステムで微生物燃料電池というものがあるんですけど、それにもとづいた未来に起こりうる芸術という設定の作品を作りました。それと震災のあと、僕も他人の言葉にものすごく敏感になって、ニュースにおける言葉の使われ方だとかを意識するようになったんです。そのタイミングで、自分の作品を「芸術的」な文脈というよりも「政治的」な文脈で作りはじめようとしたとき、その一方で「社会を糾弾し、ある種の「正義」を主張するということを、僕があえてやる必要はないんじゃないのかな」とも考えたんです。だとしたら言葉を使って、人間とその外界の環境について、全ての他者に向けて人間が話しかけるきっかけみたいなものを作れないのかなと思い、いろいろ考えました。とはいえ、僕も何かの問題の解決のために、そんなことを思いついたわけではないんですけどね。

「バードコール」という、木につけたネジをくるくる回すと擦れる音が鳥の鳴き声のように聞こえる道具があります。これを知っている人は、ハイキングとかに行ったり、もしくは自然観察が好きな人だったりするのかもしれません。吉岡先生の話で、葉っぱをリードのように吹くという方法も紹介されましたが、鳥の鳴き声みたいなものを人工的に生成する方法はそれ以外にもいくつかあります。バードコールの場合には木に穴が空いていて、その径《けい》にひっかかる少し大きめのサイズの雄ネジを回してねじ目を付けてゆくと、あるところで鳴くんです。それをくるくると回しながら音を鳴らすと、なぜか「演奏する意識」みたいなものが働いてしまう。そうなると、僕に対して、あるいは他人に対して「こう聞かせたい/聞かせたくない」といった意思が介入してしまうことになる。そのような意思を放棄しつつ、何か有機的なイメージを生成させるもっと自律的な方法があったら、それをいったい人びとはどう聞くんだろう、そもそも他者がそれを面白がってくれるかな、ということに興味をもったんです。

なんの役にも立たない、完全なるデタラメとして「鳥の鳴き声」を発生させる道具から着想を得て、この作品を作ってみたんです(図1)。僕がバードコールを回しているこの手、これがモータライズされて、さらに小型のコンピュータが入っていて、そこにデタラメなプログラムが書いてあるんです。デタラメとはいっても、書いてある内容そのものはとても厳密な記述がなされている。それは何についてかというと、モーターを回す「速度」と「角度」と「頻度」についてなんですけど、しかしそれは鳥の鳴き声とはまったく無関係で、完全なるデタラメなんですね。それでも最終的に、それにより発生する摩擦音を聞いたときに、なぜか鳥の鳴き声のイメージが浮かびあがってくる。私自身も木を切って、ネジを選んで、モーターをセッティングしてっていう一連のプロセスを体験しているにもかかわらず、それでもなんだか不思議とそう聞こえてしまう。なんの役にも立たないけど、しかし不思議といえば不思議なこの現象を結節点として、誰かが興味をもち他人と議論してもらえたら、「芸術」という概念を少しでも共有してもらえるんじゃないか――これはそんなことを考えて制作したものです。

この作品、なんで「鳥」だったんだろうというのは、僕の中でも引っかかっていたんですが、じつは制作後にわかった話があります。対馬アートファンタジアで、神社の隣で展示をしたことがあるのですが、神社といえば鳥居があったり、榊があったり、外界との境界にオブジェクトが置かれているんですよね。鳥居というと、その文字からして「鳥の存在」（bird existence）をイメージさせるわけですが、ちょっと調べてみるとそれはたしかに由来の一つで、古代の太陽を崇める場所で、神様とか他者とかとやりとりするということに関連していたようです。だから、自分が作品をつくるうえで「鳥」にこだわったのも必然的な理由があったのかな、と今では思っています。

吉岡　ちょっと前、打ち合わせのときに聞いたことで、この作品はふだん部屋の中に展示してあるけども、もしも野外の、ほんとに鳥がいる場所に持っていって鳴らしたら、本物の鳥は何らかの反応をするだろうか、みたいな話があったけど……。

図2　三原聡一郎《想像上の修辞法／Imaginary rhetoric》（二〇一六年、19th DOMANI Exhibition - art of tommorow、撮影：椎木静寧）

三原　そうですね。作品の意図はお話ししたとおりなんですけど、制作後しばらく、自分でもこれが何なのかよくわからなかったので、あちこちで展示させてもらいました。そのなかで、ふつうに鳥が鳴いている野外、それも山の中で展示したことがあったんですが、それがとても面白かった。

人工的な展示空間って、直線とかマットな面とかがあるから、わりと作品が注目されやすいんです。しかし林の中に作品が置いてあると、ほとんど目立たず気がついてもらえない。もちろん僕は制作者なのでわかっているんですけど、何より面白いのは、作品を見にきてくれる人たちを観察して、その反応をみるのがすごく面白いんです。最初は、ほとんど気づかないんですね。でも、そこの場所に滞在する時間が長ければ長いほど、人工音と自然音の区別みたいなものを、反復するほどにわかっていく。人工音と環境音の「閾《しきい》」がわかってくるんだと思います。
あとは、ホワイトキューブで展示をしたときは、たとえばそこが窓のある部屋で外が望めたりすると、それはそれで作品に気づいてもらえないんですね。オブジェクトはこのぐらいのちっちゃいものが吊るされてる感じになっているだけなので目立たないですし、スペースによっては、外で本当に鳥が鳴いてるのが聞こえてる状況もあったりします。展示と環境の間みたいな感じで、通り過ぎられることも多かったです。まあでもそれ自体は、僕の中である意味、なんだろう、悲しくはなくて。もちろん嬉しいというわけではないんですけど。「人工的に自然さをつくれたのかな?」というような不思議な質感を、僕の展示のフィードバックとして与えてくれる作品でした。

吉岡　それで、生き物の鳥はその声に反応する?

三原　僕がいるので、鳥たちはその気配を感じて寄ってこないとは思うんですが、近くにいた犬がなぜか吠えはじめるみたいなことは一度ありました。それ以外には虫が寄ってきたことはあったんですが、そもそもそれは一定の興味を前提とするのかどうかすら、ちょっとわからないですけどね。

これ(図2)は国立新美術館の普段は休憩用の通路での展示です。片側がガラス張りで視界の高さだけスモーク仕様で、いい感じで外観が抽象化されて、吊るされているデバイスから音は鳴っているんですけど、内側からの音だと気づかない人は通り過ぎていました。じっさい「作品がわかりませんでした」というメッセージが届いたりもしたんです。展示通路なので皆さん必ず通っているはずなのですが、認知されていないことが、その場の自然さに溶け込めたような気がして面白かったです。あと、「鳥だから野外に出さなければいけない」とも思っていなくて……。これに関しては、作品と環境の様々な関係性があるなと思っています。これ(図3)は、ブックストア松に併設する小さなギャラリーに貸し出したときのものですが、ちょうどちっちゃい鳥に見える粘土の置物があったんで、対面させるともう完全に対話して

図3　三原聡一郎《想像上の修辞法/Imaginary rhetoric》(二〇一六年、ブックストア松イ ンストア展覧会、撮影:三原聡一郎)

いるみたいな状況に感じとれたりするわけです。

3 「呼吸するカオス」（児玉幸子）

吉岡　児玉幸子さんの作品を最初に拝見したのは、私がＩＡＭＡＳに赴任して一年目の二〇〇一年——ちょうど日本記号学会第二一回大会[*10]をそこで行ったのですが——ＩＡＭＡＳ主催の「インタラクション[*11]」というメディアアートの国際展に出展された《突き出す、流れる》でした。磁性流体を使った非常に迫力のあるインスタレーションで、そこで動いているのが無機物であることは頭では分かっているのに、まるで生きているように動くという強い印象を与える作品でした。最近では、磁性流体を用いた作品以外にも、ＬＥＤによる光のインスタレーションも手掛けていらっしゃいますね。

児玉　今日は貴重な機会を頂きましてありがとうございます。二〇〇〇年くらいから、磁力に反応して形を変える磁性流体という真っ黒な液体を使って、インタラクティヴ・インスタレーション、キネティック彫刻、写真や映像などのメディアで作品を展開してきました。磁性流体は、金属が入っているので光沢があって、トロっとしていて、見た目も非常に面白い素材です。液体ですから連続的です。形が変わるし、それは時間によってどんどん形が変わっていく、というようなもので、記号とか言葉、概念ではかなり捉えにくいメディアではないかと思います。

いちばん最初は、音に反応してインタラクティヴに動く作品《突き出す、流れる》と《脈動する》を二〇〇一年に発表して映像作品を作ったり、そしてそのあとも、先ほどの三原さんと同じように、私も自分で技術開発をしたりしながら作品を作る、というスタイルでやってきました。磁性流体彫刻というテクニックを開発しまして、金属表面に流動する液体を生命的に動かす、生命のように見えるリズムで、重力に逆らって磁性流体がトゲトゲを出して動き回るというような作品を作ったりしました。

*10　日本記号学会第二一回大会「メディア・生命・文化」（二〇〇一年六月、大垣市情報工房）。

*11　"The Interaction '01: Dialogue with Expanded Images" 二〇〇一年一〇月二六日—一一月四日、ソフトピアジャパンソピアホール（岐阜県大垣市）。

これが最初期の作品（図４）で、ダイニング・テーブルを使ったインスタレーション、《脈動する》（二〇〇一年）というものです。黒いスープがお皿の中に入っていて、音がすると、トゲが現れてざわめくというようなシンプルなインタラクションがあります。私とコラボレーターの竹野美奈子さんが喋ると、声に応じて大小様々なトゲトゲが出る。コミュニケーションの欲望を皿に表すというような意図がこの時はありました。他のヴァリエーションでは心拍を象徴する二つのメトロノームが展示空間の壁についていて、それが鳴ったときに皿のトゲトゲが出てきます。国立台湾美術館の展覧会では、体の中の色という意味合いでピンク色を使いました。

　これ（図５）は都城市立美術館でコレクションをしてくださった作品なんですが、《脈動する壁に耳あり――移送空間》という二〇〇七年の作品です。壁に小さな耳の彫刻があり、その背後にマイクが仕込まれています。それに話しかけると、皿にトゲトゲが出てくるという仕組みになっています。壁がちょっと離れているので、そこで話しかけて振り返るとトゲが出ている。それを見て思わず笑ってしまうというような、ちょっと面白い仕組みになっています。

図４　児玉幸子＋竹野美奈子《脈動する》（二〇〇一年、Zone Episode 3展、パラグローブ）

　西海岸のサンタモニカのギャラリー、サミュエル・フリーマン・ギャラリーで発表した《脈動する――溶ける時間、散る時間、私の小さな海》という二〇〇八年の作品では、サンタモニカの青い海のビデオ映像を、メトロノームの隣に置いています。海は自分の中では連続性という重要なテーマなんです。小さい頃、家の近くの太平洋を見るたびに「ああ、ここを真っ直ぐ行くと、アメリカがある」というふうに思っていたけど、大人になってサンタモニカに行くと「あっちの方にずっと行くと、静岡の清水の自分の実家があるなあ」とか。海というのはそうした連続、繋がっている意識を感じます。

　韓国のNC Softの建物で、ナム・ジュン・パイク（Nam June Paik 一九三二―二〇〇六）ギャラリーと呼ばれる一角が一階にあり、そこで一ヵ月間だけ展示させていただいたことがあります。原発事故があった直後だったので、私も非常にショックを受けて、海や食べ物のことを考えたんですね。魚とかいろいろ漁師さんが獲るものについて、海の中に放射性物質が流れていたことに非常に悲しい気持ちがしていました。それでテーブルクロスの色を赤くしたというような、自分の感情を憶えています。

《突き出す、流れる》がいちばんはじめにこのプロジェクトで注目いただいた作品です。アメリカのコンピュータ・グラフィックスとインタラクティヴ・テクニックに関する国際会議のSIGGRAPH '01 アート・ギャラリーで発表して、なぜかすごく話題になったんですね。そのあとすぐ岐阜で、二〇〇一年のインタラクション'01展――坂根厳夫先生と吉岡先生にお世話になった展覧会――にお招きいただきました。丸いテーブルがあって、真ん中に電磁石が吊り下がっていて、磁石は六つ使っています。これは、Wexner Center for the Arts（オハイオ州立大学の美術館）での展示です。インタラクション'01展のすぐ後に、オハイオに運びました。作品にブラックライトを当てて撮影すると、ピンクの色をビデオカメラ上で見ることができます。こういったトゲトゲがわあっと出てきて、いろんな形が、音に反応して、周囲の環境音か野生的な音が聞こえるようになっているんですね。そういった獣がうなるような声、風とか、竜巻みたいな音を使っていたんですけども。その音に対して、トゲトゲの形がみるみる変わっていって。そしてこれを京都芸術センターで展示させていただいた時には、展覧会を見に来た人たちが作品を見ながら詩をよみはじめて、それに合わせて、液体のトゲトゲの形が変わっていきました。

図5　児玉幸子＋竹野美奈子《脈動する　壁に耳あり――移送空間》（二〇〇七年、南九州の現代作家たちメッセージ2007展、都城市立美術館、写真：鈴木豊）

《突き出す、流れる》の後に《呼吸するカオス》という作品を二〇〇四年頃に作って、これは円錐の形をした鉄の彫刻の表面に、磁性流体のトゲが登っていく作品です。ロサンゼルスのUCLAの Telic ギャラリーでキネティック・インスタレーションとして発表しました。

円錐形の彫刻を被写体にして、同じタイトルなんですが、《呼吸するカオス（Breathing Chaos）》という映像を同時に発表しました（図6）。コンセプトは「自然のダイナミックな力にさらされて、生命が物理的な力の表現から生まれることを示唆する」です。示唆するというか、それはまあ、自分はそういうふうに考えたということなのですが、短編映像として、流動性の混沌〔カオス〕、そこから生じてくる秩序、そして不確定な混沌から生まれてくる、対称性が見られる形……という、自分が興味・関心を持っていることを、短い映像に仕上げたものです。さらされているっていうのが、わりと自分のいつも作っている時の感覚で、「何もかもが物理的な力にさらされている」と自分は思っていて……。開放系であるっていうことも大事です。時間の中で、開放系でさらされている、私たちがさらされている。それは、生物もさらされているし、機械も無機物もさらされています。だからコンピュータといえども、地球からどこか離れていかない限り、さらされているなあというのが実感ですね。あと連続性とかですかね。

　そして、この動画の最後は藤の花が出てくるんですけど、それは自分の実家の藤の花で、ちっちゃい頃から見慣れている、上から藤の房が下に向かって重力に引かれて下がっているわけですよね。その藤の花がちょっとずつちょっとずつ違うけれど、全体としては似たような形をしていて、しかも重力、対称性があったり……。だから藤の紫色の花と、この磁性流体のトゲトゲ、ちょっとずつ違うんだけど、全体としてはトゲトゲの形ができていて、というような対称性の不思議さが、両方にあります。磁性流体の方は生物ではないにもかかわらず、生物的な自然の形が出てくる。植物とか動物っていうのは、いろんな有機的な形が出てきますよね。だからそういう、全く違う世界という

図6　児玉幸子《呼吸するカオス（Breathing Chaos）》（二〇〇四年）

か、違う物質世界のものにもかかわらず、さらされていることによって、似たパターンが出てくるところがすごく不思議だなと思います。

その後、制作の中で、円錐形に溝を刻む手法を見出しました。鉄の彫刻を螺旋形にすれば磁性流体を上までぐるぐる回転させながら上昇させられることがわかって、《モルフォタワー》という作品を二〇〇五年にＶＲ学会で口頭発表をして、二〇〇六年にボストンで開催されたSIGGRAPHアート・ギャラリーに出しました（図7）。これはその《モルフォタワー》のいろいろなヴァリエーションです（図8）。

電気がないときどうするっていうのも、いつも悩みの種です。電気がないときも、作品が面白いほうがいいなあと思います。なので、動かないときは、鬼の角みたいなのが生えていて、液体も入っていない。これに液体を入れてスイッチオンすると、黒い液面がゆっくりとかすかに持ち上がって、ゆっくりと水平に戻ります。次にもう少し高く持ち上がって、水平に戻る……これを繰り返して、あるタイミングで液面からトゲが突き出てきて、三角錐の表面の螺旋の溝に沿ってぐるぐる回りながら、タワーの先端を目指して上昇します。液体のトゲが上昇し、下降する滑らかな動きは、動物が深呼吸をするようなリズムで繰り返されます。作品には小さなお弁当箱くらいのコントローラーがついていて、そのスイッチを入れると電気が流れ、電磁石に電気が流れ出るので、磁性流体がぐるぐる回ったり、いろんな動き方をします。コントローラーには、今はラズベリーパイ（Raspberry Pi）を使っています。それは小さなコンピュータで、磁性流体の動かし方のプログラムはそこに入っています。

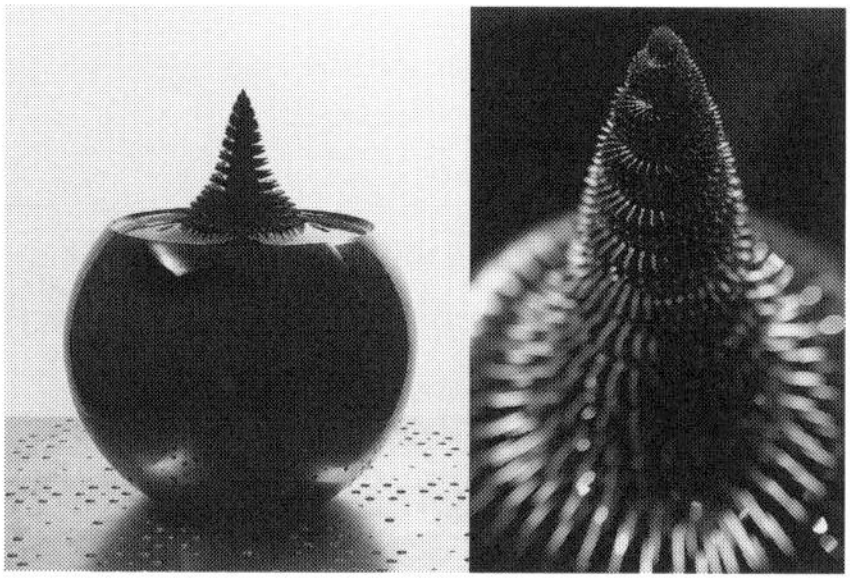

図7 児玉幸子《モルフォタワー》（二〇〇六年）

図8 児玉幸子《モルフォタワー》シリーズ

次は、モルフォタワーがどんなふうに動くかの映像ですね。これも深夜に撮影したんですが、実験するのが夜遅くになってしまうことが多くて、撮影してすぐに編集して直後に自分のウェブサイトにあげたらすぐにYouTubeにコピーされて、すごい閲覧数があったんですね。その当時は、YouTubeのサービスがはじまった頃で、そういった〔閲覧数を稼げそうな〕動画を誰かが探していたのだと思うんですが、三〇〇万を超える閲覧があって、三日後くらいにアメリカの展覧会への招待状が届きました。その《モルフォタワー／二つの立てる渦》という作品は、Sony CSLにいらした宮島さんという方とコラボレーションさせていただいた作品ですが、音楽に合わせて液体がダンスするように動きます。音に応じて磁性流体が動くプログラムは、私はメタデータをもとにする方法は使っていなかったんですが、宮島さんがその技術を持っていらしたんです。それで、音楽のコード進行に対して、あるいはメロディーに対してメタデータをつけて、まさに記号的な扱いになると思うんですけども、指示を出していますね。私のコードは、メタデータではなく、時間に対して電圧を指定する簡単なものだったんです。《モルフォタワー／二つの立てる渦》は、磁性流体が動くタワーを人間に見立てて、二人の人間が対話しているというような考え方で作りました。

図9　ウクライナのアート・アーセナル（キーウ）で開催の Imaginary Guide: Japan 展（二〇一七年）の様子

こちらは、ウクライナで展示をしたときの会場風景（図9）です。スペインの現代美術館のReina Sofia美術館では「機械と心」展に展示しました。まさに「機械と心」って、今日の機械と生命の話と少し重なるところがあるかと思います。「機械と心」展はグループ展で《突き出す、流れる２００８》の展示をやったんですが、真ん中の大きな電磁石はスペインで作りました。こんな感じに、大きな山が出てきます（図10）。人間の形をした作品も発表しました。東京都写真美術館では川上弘美さんとコラボレーションさせていただいた《七つの質問》という作品を作りました。エスパス ルイ・ヴィトンでは《二つの立てる渦》を展示させていただいたりしました。メーカーのフェローテック社が色のついた蛍光磁性流体を発明して、赤・黄色・青・グリーンがあるんですが、それを使って《モルフォタワー》を動かした映像は、つい最近、発表しました。

こういったことをずっとやっていて、二〇一〇年ぐらいから《惑星（Planet）》シリーズ、有機的なパターンを作り出す《リボーム》という作品とか、ガラス玉に磁性流体を入れるシリーズを作るようになっています（図11）。このシリーズは浮力を利用していて、この透明なオイルと磁性流体の比重を比べると、透明な液体の方が重たいんですね。重力の力を利用することによって、この黒い鉄の粉が溶けている磁性流体が下の方に引っ張られて、またぽかーんと上のほうに浮かんでくるのをうまく制御できるようになります。正確には、「制御」とは言えないかもしれないですね。半分は私がデザインしている動きで、半分はその時その時の偶然が作用しています。この大きな黒い水玉模様みたいなパターンは、だんだん小さな水玉が大きな水玉へ合体していきます。卵のイメージで、とても優しい動きをします。作品はずっと動き続けるので、表面のテクスチャーが三六五日変化していくようなイメージです。

《静物》という作品では、りんごの形をしたガラスの中に磁性流体の種ができて、形がどんどん変わります。《惑星》シリーズでは、調布市の文化会館たづくりで個展をさせていただいたときに、白い砂を敷いて庭の設《しつら》えで展示をしました。

図10 児玉幸子《突き出す、流れる》（二〇〇八年、Machines & Souls. Digital Art and New Media展、ソフィア王妃芸術センター（マドリッド）、写真：Mario Martin）

二〇一七年には、京都の清課堂という金属工芸品のお店のギャラリーで和風の建築に合わせる展覧会の機会をいただき、《静物》が床の間に飾られたり、パターンが見られる《リボーム》シリーズも展示しました。和室には、《眩惑について》というインスタレーション、金箔のパネルで光を反射させて、柔らかい光で中央のモルフォタワーをみんなで囲みながら、和みながら見るインスタレーションを作りました。

「眩惑について」がこの展覧会のタイトルで、和室の作品のタイトルも《眩惑について》です。私にはこの黒いパターン、黒い磁性流体が変化していく時間の流れで、自分たちの視覚と心理に起こる変化が、すごく興味があるところです。その時間の流れで、眩惑が起きるんですね。その瞬間を作りたいというようなモチベーションがあります。思わず眩惑されてしまう瞬間を作りたい。そしてそのパターンなのですが、ちょっとスライドが科学的になるんですけど、ダイナミックな磁性流体彫刻、有機的な形状が変化する芸術というスライドをお見せします。自然界に見られるパターン、蜂の巣構造体とか、円、トゲトゲ、そしてシマウマや芝生に見られる迷路模様、そして細胞です。この写真はイクラ?、筋子《すじこ》でしょうか。そのようなパターンは磁性流体にも見られます。自然界に見られる有機的なテクスチャーが変わっていく造形を、実在するマテリアル（磁性流体）で作っていくことができます。その変化、動きに眩惑されますし、眩惑されながら人の視線や心が動く瞬間を作りたいと考えています。

吉岡　三原さんの話で思い出したのは、リチャード・ドーキンスの『ブラインド・ウォッチメーカー』[*12]に一種の進化シミュレーションのプログラムの話があって、昆虫の身体を思わせる図像を画面でタッチすると、その形が選択されて次世代に受け継がれていく。それでコンピュータを庭に持ち出して、その画面上に本物の虫が交尾しようとタッチすると、自然選択の代わりになると彼は考えるんですが、当時のモノクロのマッキントッシュ画面の画像を、自然の昆虫は本物のメスだとは誤認しない。でもアイデアは面白いなと思ったんですね。

児玉さんの作品を僕が最初に二〇〇一年に見たとき連想したのは『惑星ソラリス』[*13]です。人間の記憶や欲望を読み取って、液体が動き出し形をとる。作品で液体は音声のような刺激に反応して形を変えるのですが、児玉さんのお考えには、それが人間の心や欲望を反映するようなイメージも感じられる。

三原さんと児玉さんはお二人とも作品は「開放系」というか、実世界にさらされていて、そこで起こる出来事に大きな関心をお持ちのアーティストだと思います。

三原　児玉さん、はじめまして。気になったのが、装置を開発されていて、インスタレーションで生きている状態で展示されているのと、金型だ

図11　児玉幸子《惑星No.3》（二〇一六年）

＊12　リチャード・ドーキンス『盲目の時計職人——自然淘汰は偶然か』日高敏隆監修、中島康裕ほか訳、早川書房、二〇〇四年。

＊13　映画『惑星ソラリス』アンドレイ・タルコフスキー監督、ソ連、一九七二年。原作は、スタニスワフ・レム『ソラリス』沼野充義訳、ハヤカワ文庫SF、二〇一五年。

けの駆動されていない状態も展示されているとおっしゃったこと。もう一つ、違う立ち位置だなあと思ったのは、映像を作ってらっしゃっていて、それは児玉さんの磁性流体を制御するっていう根幹の中で、どういうような側面を鑑賞者に見せたいなと思って作られた映像なんでしょうか？

児玉　作りたくて作っているだけなんですけどね。映像を作りたいっていう自分の欲求もあります。インタラクションがない状態で、映像をお見せするのは、インタラクティヴな作品とはまったく違うアートの受け止め方になりますよね。だからやっぱり、思った通りのところで思った映像が出てきて、言葉が出てきて、音が鳴るという映像作品は、自分がこういうふうに物事を伝えたいっていうことを示しやすい形式だとは思います。その一方で、インタラクティヴな作品に関しては、映像とはまったく違う受容があると思います。私はそれら双方に興味があるというか、アート活動としては面白い重要なところなので、両方やっています。

三原　なるほど。じゃあ、わりと全て映像の方はコンポーズドされたベスト・ショットが詰まっている、というような感じなんですかね。

児玉　前に作ったのはそうなんですけど、ここでちょっと違うものを今お見せしてもいいですか。最近こういうのをやっていて、「Cheer Me! 生放送に対するコメントを用いた視聴者参加型ゲーム」という研究を研究室の学生だった松浦悠さん[＊14]と二〇一七年に行いました。ストリーミング空間、VR空間でのプロジェクトは今も研究室で発展中です。この映像では、遠隔視聴者からのコメントに対して、グラフィックが変化していきます。こうしてインタラクティヴな遠隔鑑賞のグラフィック作品を作ることができると思っています。

三原　なるほど、わかりました。ありがとうございます。僕も「開放系」の作品を作っていて、それを空間に実際に置いて、それがどうふるまうのかをみるものが多いので、記録の取り方ってすごく難しいなって思うんです。なんにも反応してい

＊14　松浦悠さんは視聴者とのインタラクションがあるメタバースで音楽活動を行うmemexというグループで活動している。

ない状態も、僕の中では「ありの状態」なので……。今の質問は、どういう観点で映像を、そのシステムにおいて作ったのかなって興味があって、ちょっとお聞きしました。

児玉　それはすごく実感として共感することで、今そういうライヴ・ストリーミングでインタラクションを発生させるときに、その状況を遠隔から人が見ている状況だとつまんない場面が絶対起きちゃうんですよね。だから、いま考えているのは、やっぱりドキュメンタリー用にそのままの映像を撮っておいて、ライヴで流すのは、別の形式のアートの作品として、二重にパラレルに作る方がいいのかなって思っています。これって、すごく現実的な話なんですけど。三原さん、それはどう思われますか?

三原　パラレルに作るっていうのは、すごく斬新だなと思います。僕自身どちらを選ぼうかと、次の作品の展開について思っていたんですね。僕の作品のなかで、そんなに変化がないような現象を扱う、微生物のふるまいとかを題材とする作品があります。そういうものを作品化するとき、どうしようかなって思ったけど、ここはいちど達観して、土をずっとストリーミングしようかなとか、いろいろ試行錯誤していました。今うまい結論のようなものは言えないんですけど、今後を考えるうえの参考になりました。ありがとうございます。

児玉　その悩みポイントは、私も同じです。それをどうするかっていう点は違うのかもしれないんですけど、おんなじことを考えていますね。

分解と発酵の記号論・セッション報告

増田展大

本稿は、二〇二〇年一一月一四日・一五日に開催された日本記号学会第四〇回大会のうち、セッション3「分解と発酵の記号論」の内容を振り返りつつまとめたものである。これは本大会で組織された合計三つのセッションの最後にあたり、藤原辰史とドミニク・チェンをゲスト登壇者に迎え、筆者（増田）もあわせた三つの報告と議論をおこなった。*1 以下では、それぞれの議論を紹介することを主眼として、個人的な観点からいくらか注釈を加えてみたい（紙幅の関係上、対面とオンラインのハイブリッド開催により実現した活発な質疑や全体討議のすべてを組み込めないこと、そして登壇者による議論の内容もあくまで筆者の理解からまとめなおしたものであることをあらかじめお断りしておく）。

1 エコロジーという視座

ゲスト登壇者である藤原とチェンの両者が、それぞれに歴史学と情報学を背景として注目すべき仕事を数多く発表していることはよく知られている。その一部に過ぎないが、例えば藤原は『ナチスのキッチン――「食べること」の環境史』（共和国、決定版二〇一六年）や『分解の哲学――腐敗

*1 セッションの詳細は以下のとおり。
日本記号学会第四〇回大会「記号・機械・発酵――「生命」を問いなおす」
日時：二〇二〇年一一月一五日（日） 12時30分～14時30分 会場：京都大学稲盛財団記念館・オンライン
セッション3「分解と発酵の記号論」 登壇者：ドミニク・チェン（早稲田大学）、藤原辰史（京都大学）、増田展大（九州大学）、前川修（近畿大学・司会）

と発酵をめぐる思考』（青土社、二〇一九年）などの著書をはじめ、農業史という独自の視座から生命の基盤となる食というテーマについて示唆に富む議論を発表している。またチェンは後述するNukabot（ぬかボット）を発表して以来、自身の取り組みを「発酵メディア研究」と称して広範な執筆活動のみならず、アートやデザインのキュレーションでも注目を集めている。その二人を迎えることにより「分解」と「発酵」という視座を設定し、両者をメディア論の観点から接続することで大会の副題にある「「生命」を問いなおす」こと、これが企画者である河田学会員の意図するところであった。

ただし議論の内容を具体的に振り返る前に、両者を接続する補助線として「エコロジー」という観点を導入しておきたい。

エコロジーという観点は二人の議論と強く関連しつつも、その環境への意識と生態学という意味が混ざり合いつつ、昨今の人文研究でも頻繁に議論の俎上に載せられている。実際に、近代以降の人間の活動が引き起こした環境破壊や気候変動への危機的な意識、それと連動した新自由主義体制における権力・格差問題がその主たる要因であると考えても的外れではないだろう。筆者が専門とする映像論やメディア論の領域でも、「メディアエコロジー」と括られる一連の議論が活発なものとなっている。

メディアやテクノロジーのことを私たちを取り囲むある種の生態として理解する視座は、古くはメディア論の古典であるマーシャル・マクルーハンの考察（または、それを実際に「エコロジー」と呼んだニール・ポストマン）にまで遡ることができ、それ自体は決して目新しいものではない。だが、この言葉があらためて脚光を浴びる理由は、今世紀に入ってからコンピュータ（の小型化）とインターネット（の高速化）が急激な進展をみせ、地図情報や購買履歴、生体情報をも管理するスマホが手放せなくなるように、メディアの影響力が私たちの生活圏を飲み込むようになったことと連動している。そうした状況をめぐる最近の議論の一例として、メディア論者のユッシ・パリッカによる著書『メディア地質学』を確認しておこう。[*2]

二〇〇〇年代後半から発表された三冊の著作を自身「メディア・エコロジー三部作」と呼ぶパリッカは、その最後に当たる上記の著作で、メディア技術を表現やコミュニケーションの媒体としてのみならず、生物学や地質学にかかわる「深い時間」(deep time)から捉え直そうとする。より具体的には、デジタル機器の材料や素材となる金属とその循環経路にまで目を向けることで、メディアの物質性を地球環境全体から再考することが同書の狙いなのである。先のスマホを事例とするなら、最近では個別の製品に見られる「計画的陳腐化」が批判されることもあれば、その生産をめぐる過酷な労働環境も指摘されてはいる。ただしパリッカが掲げるメディア地質学からは、そうした議論も人間にかかわる側面にのみ注目しているという意味で十分ではない。この問題をさらに展開しつつ、電子機器を構成する希土類鉱物の採掘と運搬(中国やアラスカ、南アフリカに及ぶ)、それらを運用するための通信経路やエネルギー消費(海底ケーブルの維持管理や二酸化炭素の排出)、また最終的に廃棄された機器の鉱物資源としての再利用(あらためて中国に送られることが多い)にいたるまで、地球規模の大局的な視野を広げる必要性が訴えられるのである。[*3]

こうしたスケールの議論がグローバル経済をめぐるものであるばかりか、人間の活動が地質のレベルにまで不可逆的な影響を与えたことを指す「人新世」の考えに端を発するものであることは、著者自身もくりかえし言及するとおりである——パリッカは産業革命以来の人為的な側面を強調すべく、それを「傍若無人新世」(Anthrobscene)と読み替えてもいる。また他のところでは、フリードリヒ・キットラーのメディア哲学を大胆に読み替えつつ、メディアエコロジーの意図するとこ

*2 ユッシ・パリッカ『メディア地質学——ごみ・鉱物・テクノロジーから人新世のメディア環境を考える』太田純貴訳、フィルムアート社、二〇二三年。

*3 同上書、特に一〇二—一一六頁など。

ろが次のように要約されている。

このこと〔メディアの歴史上エコロジーと結び付けられる主題や関心の探求〕が含意するメディアエコロジーとは、私たちがマクルーハンやポストマンから継承したものではなく、より科学に敏感なキットラーから影響を受け、環境論的なアジェンダに向けて押し出されたものである。〔中略〕メディアエコロジーに込められたアジェンダとは、機器や技術的な発明、つまりは技術メディアの科学的な基盤に割り当てられていた行為体(agency)に対するメディア唯物論の視座を、これらの関心の周辺にある素材や物質科学へと移行させることであるだろう[*4]

メディア生態学とはつまり、テクノロジーの動作が人間に及ぼす作用を生態になぞらえた前世紀までの議論を人間中心主義を越え出る仕方で更新し、メディアの生産や受容のみならず、その素材や物質がグローバルに循環する圏域を批判的に検討することだと要約することができる。なるほど昨今の環境危機を引き起こした廃棄物やエネルギー、政治権力にかかわる問題はたしかにメディア(論)にとっても無関係ではありえず、その物質性や地質への着目は今後、興味深いアプローチのひとつになるかもしれない[*5]。しかしながら、ここまでの指摘にも疑問が残らないわけではない。なかでも一つを挙げれば、それは環境問題や気候変動との接続を急ぐあまりに、「エコロジー」という概念がどこか無批判のまま前提とされていることである。エコロジーそのものがいかなる歴史的な過程のもとに成立し、どのような性質を持つ領域であるのか(いかなる問題を提起する/抱えているのか)を精査しない限りにおいて、それとメディアとの結びつきも結局のところ、拙速かつ脆弱なものになりかねないのではないだろうか[*6]。

*4 Jussi Parikka, "Green Media Times: Friedrich Kittler and Ecological Media History," *Archiv für Mediengeschichte*, 13, 2013, p. 78.

*5 関連する議論として、パリッカも頻繁に参照するショーン・キュビットや、デジタル技術の廃棄物に注目を促したジェニファー・ガブリスらの議論もある。Sean Cubitt, *Finite Media: Environmental Implications of Digital Technologies*, Duke University Press, 2016; Jennifer Gabrys, *Digital Rubbish: A Natural History of Electronics*, University of Michigan Press, 2011.

*6 この点について注意深く検討すべきは、西洋近代が前提としていた自然と文化の二項対立を批判したダナ・ハラウェイの議論を受けてパリッカが発展させる「メディア自然」(medianature)という観点であろう。パリッカ、前掲書、四二―四三頁、また、本号第Ⅱ部の最後に所収された二本の論文も参照のこと。

前置きとしてはやや長くなってしまったが、筆者にとって、以上のような疑問に対して風穴をあけてくれるような考察を展開していたのが、藤原とチェンの仕事であった。次に大会当日の両者の報告をまとめつつ、その理由について述べてみたい。

2　分解と発酵という論点

当日のセッションで最初に登壇した藤原辰史の報告「分解世界の人間と非人間――食現象の拡張的考察」は、上記のような問いを考えるにあたって極めて示唆的なものであった。ここで導入される「分解」(decomposition)とは、藤原によると、人間の食生活とライオンによる捕食行為、ミミズによる落ち葉の摂取など、さまざまな動植物にまたがる食という行為を比較検討するために、生態学の領域から取り入れられた言葉である。だが、と同時に藤原の議論は、生態学の観点を単に採用するだけでなく、歴史家ならではの視点により生態学の成立と問題点を言わばその内側から明らかにしてくれる。

そもそも「生態＝エコロジー」とは、一九世紀後半に生物学者のエルンスト・ヘッケルが命名した言葉であるが、藤原によれば、それが学問として成立するのはより最近、二〇世紀半ばになってからのことでしかない。特にドイツでは、エコロジーがある種のゲマインシャフトにもなぞらえら

図 1　当日の会場の様子

れ、生態系／システム（ecosystem）といった理解へと体系化されていく。しかしながら藤原は先の著作『分解の哲学』のうちで、環境などの有機的なイメージに彩られたはずの「生態」が学問としては無機的な物理学や経済学をモデルとする「システム」として理解されていたことへの違和感を表明してもいる。事実、この（エコ）システムという語は、人間が自然界の働きを掌握するという「全能感」を醸し出すものであるし、またその歴史的な背景として、生態学の学問としての体系化は「血と土」というスローガンを掲げたナチス政権の台頭と時期を同じくしていた。

この指摘はつまり、エコロジーなる観点が抱えもつ物理的かつ経済的な一元化に対する鋭い批判意識と言い換えることができよう。それにより藤原の関心は、その安定したシステムを内側から「食い」破るような存在として、分解者（decomposer）へと向けられるのである。

生態学のうちでは、生物の役割が光合成を果たす植物などの「生産者」と、その植物を捕食する動物（をさらに捕食する動物）などの「消費者」とに役割が分類されるが、それらのわかりやすい働きとは別に、動植物の死骸を食べることで栄養素へと変換する「分解者」が設定されている。これを理解するために想定すべきは「土壌」であり、その全貌はいまだ完全には解明されていないが、たとえば落葉が初めはワラジムシやダンゴムシ、続いてヤスデやミミズなどの動物による何段階もの分解を経て、栄養素を無限に行き渡らせている。[*7] ただし、その分解者たちは生産者や消費者に比して専門家たちの間でも厳密な定義が困難な存在であり、実際には生産／消費者がそれぞれの場面で分解者としての役割を果たすこともある——報告後の議論では、藤原はそれを生産者や消費者に「取り憑くようなもの」であるとも表現していた。この意味において、自然界を体系的に理解しようとする生態学のうちにありながら、分解者とはつねに十分には整理がつかないようなアクターとして存在しているのである。

＊7　以下も参照のこと。藤井一至『土　地球最後のナゾ——100億人を養う土壌を求めて』光文社新書、二〇一八年。

当然ながら、こうした分解作用はそれを担うアクターたちにも、それとは意識されぬままに進められており、つまりは意図や目的を欠いたところで結果としてエネルギーの再利用が可能となる。その土壌のような生態系とは対極にあるものとして、世界でも半数以上のゴミ焼却施設が集中する日本を取り上げた藤原は、人間たちが多量の水分を含んだ生ごみを化石燃料を使って灰になるまで焼却するという、あまりにも急速かつ不効率な「分解」を進めていることへの批判も欠かさない。そのうえで藤原が注目するのは、この生態学的な分解の作用が、非人間から人間へと乗り移っていくようなプロセスである。それによって明らかとなるのは、人間であれ動植物であれ、自分以外の動植物が食べるという行為のうちで食べかすのように漏れ出たもの、それが「施し」として作用するような食やエネルギーの循環経路なのである。

その事例として、人間の生殖活動さえも互いに「漏れ出た」液体から生命個体を生み出すものとして説いた安藤昌益の『統道真伝』(一七五二年頃)や、根からデンプンを無料で配布することで微生物との相利共生を果たす植物と同様の仕組みを人間の腸内活動に指摘したモントゴメリーとビクレーの『土と内蔵』(片岡夏実訳、築地書院、二〇一六年)などの研究もある。[*8] こうして土壌のような分解作用を人間界へと拡張するうえで、藤原が最後に挙げたのは、江戸時代に存在した「屑拾い」という人物=形象であった。これは当時、低い身分にあった人間たちが生活がままならなくなることで最終的に道端で紙屑を拾うという生業のことを指す。その様子を謳った「すてる神あるでたすかる屑ひろい」という川柳に付された挿絵には、実際に二本の長い棒を片手で器用に操り、カゴの中に屑を入れる人間の様子が認められる。その二本の棒は長い箸のように使われているばかりか、藤原によると、江戸時代に彼らの行為はまさしく屑を「食う」と呼ばれていたのであった。さらに、こうした分解者の作用が、ロボットの起源でありながらそれを「腐れる」ものとして描写し

図2 藤原辰史氏

*8 『分解の哲学』とあわせて、以下も参照のこと。藤原辰史『縁食論——孤食と共食のあいだ』ミシマ社、二〇二〇年。

ていたカレル・チャペックの戯曲『RUR』(一九二〇年)、戦後も東京の浅草にあった部落でゴミ拾いに身を捧げた北原玲子の実践、または大阪の屑拾いをモデルに鉄を食べる人々を描いた小松左京のSF小説『日本アパッチ族』にまでたどることにより、藤原の報告は締め括られた。

さて、ここまでの議論が生態=エコロジーにおいて「分解(者)」が占める独自の地位と意義を明らかにするなら、その一方で「発酵」をどのように位置づけることができるのか。この点を続いてドミニク・チェンの報告「相互的なケアをデザインする」に探ってみよう。その内容は先にも挙げたNukabot(ぬかボット)の開発をめぐり、人間と微生物との関係を実践的なデザインとして考察するものであった。

そもそもNukabotとは、漬物を作るためのぬか床の状況(pHなど)をセンサーで探知し、その様子を訊ねた人間の問合せに音声で答えてくれる(ロ)ボット型の装置である。ぬか床には「おもに」野菜由来の微生物が棲みつき、それが「主として」乳酸発酵を進めていることがよく知られている。だが実際には、乳酸菌以外にも五〇~一〇〇種類以上の微生物が住みついており、毎日それをかき混ぜる人間の手の常在菌や空気由来の微生物が入り込むこともある。つまり、そうした異質な要素の共存とバランスこそが野菜が美味しくなるために重要な役割を果たすのであり、人間と微生物と野菜のあいだには、単純に食べる/食べられるという関係では割り切れない複雑な関係が生じているのである。先の藤原の議論に重ねていえば、分解者による意図せぬ発酵作用を栄養素として取り出すという意味で、ぬか床には土壌や腸内にも喩えられるような場が形成されていることになる。

以上のようなプロジェクトを着想した理由として、チェンは友人から譲り受けたぬか床で制作した漬物の素朴な美味しさ、情報技術における菌類の多様性の応用、さらには人間がぬか漬けに覚え

図3 ドミニク・チェン氏

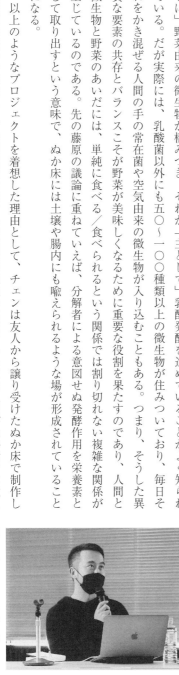

る親密感や愛着という三つの点を挙げた。なかでも重要なことは、Nukabotのデザインが混ぜるという毎日の作業を含めた完全な自動化を目指すもので「ない」という点である。これは情報技術に対する批判意識（または、その外部への志向）に由来しているという。というのも、この試みはぬか床を人間界と微生物界のインターフェイスとして理解し、それへの愛着を引き起こす相互的な「世話」の時間そのものを醸成すること、さらには微生物との共生（より具体的には、乳酸菌とグラム陰性菌、イースト菌などとの共生状態のバランス）を体感することを目指すものであるからだ。

「発酵」と「腐敗」という言葉の意味は元来、人間にとって有用か有害かの違いでしかなく、本質的には同じ化学反応を指すものでしかない。*9 このことを踏まえても、微生物による分解作用をセンサーなどの機器と結びつけるNukabotが、そうした技術による全能感や有用性といった人間中心主義に溺れることなく、ぬか床に生じる人間／非人間の関係性や身体性（見た目や匂い、肌感覚）の感得に特別な意義を置くものであることが理解できよう。または近年、一般化しつつある音声認識型ＡＩなどの情報端末（また、より最近であればChatGPTなどの自動会話プログラム）と近しい機能を備えつつも、一つ目の顔を持つ発酵ロボットが（チェンはその理由を完全な擬人化を避けるためだと説明していた）いわゆるプラットフォームへの囲い込みを主眼とした情報産業に対する批判意識に貫かれたものであることも間違いない。ここでは非人間的なものとしての微生物のみならず、機械や技術との関係性もまた、問いに付されているのである。

チェンの報告の最後には、こうした人間と非人間の関係性をめぐる思想的潮流として「ポストヒューマニティーズ」と括られる議論の動向が紹介された。彼が主たる学術的な舞台とするのはＣＨＩ（コンピュータ・ヒューマン・インタラクション）など、インターフェイス・デザインを専門と

＊9　チェンとの共同活動も展開する小倉ヒラクによる以下の著作では、この点について明快な説明があると同時に、文化人類学の視座から興味深い「贈与」論が展開されてもいる。小倉ヒラク『発酵文化人類学——微生物から見た社会のカタチ』角川文庫、二〇二〇年。

する分野である。ただし、この分野でも最近は、環境哲学者のデイヴィッド・エイブラムの議論を起点のひとつとして、自身の飼い犬をモデルに「伴侶種」との類縁関係を考察した思想家ダナ・ハラウェイや著書『マツタケ』で話題を呼んだ人類学者アナ・チンによる考察を経由して、「モア・ザン・ヒューマン」という考えがデザインの議論や実践に流れ込んでいるという。*10 これらの議論について詳細な検討は続く第四一回大会（本号第Ⅱ部）に引き継がれるが、デザインの領域でも人間以外ないしは人間を超えた存在との相互的なケアの問題が議論されていることは注目に値する。*11

3　生命の分解と発酵のために

以上の二人に続く報告「分解と発酵をめぐるメディア論」で筆者が紹介したのは、本稿の冒頭で述べたメディアとエコロジーの紹介とその問題点であった。ここまでの議論からも明らかなように、メディアとエコロジーの結びつきには双方の概念に対する歴史的かつ内在的な批判が必要であり、「分解」や「発酵」という観点は人間と非人間のあいだに生じるエネルギーの循環経路を明らかにする。では、生態学の歴史的考察から導き出された「分解」と、情報学やデザインでも注目される「発酵」という二つの論点は、いかにして結びつけることができるのか。この点についての手がかりを、筆者の報告で最後に触れたメディア論者のマッテオ・パスキネッリによる議論に確認することができる。*12 これも簡単に紹介しておきたい。

パスキネッリもまたメディアとエコロジーの安易な結びつきに警戒心を隠さないのだが、その彼によれば、コンピュータとDNAの双方を「バイナリーコード」を共通基盤として理解する限りにおいて、両者の関係は不十分なものとならざるをえない。というのも、それでは機械であれ生物で

*10　それぞれ以下に翻訳されている。デイヴィッド・エイブラム『感応の呪文――〝人間以上の世界〟における知覚と言語』（結城正美訳、論創社、二〇一七年）、ダナ・ハラウェイ『犬と人が出会うとき――異種協働のポリティクス』（高橋さきの訳、青土社、二〇一三年）、アナ・チン『マツタケ――不確定な時代を生きる術』（赤嶺淳訳、みすず書房、二〇一九年）。

*11　さらに当日はNukabotの理論的な参照項として、排泄物を循環させる土壌を「フードウェブ」として捉え直し、それと人間の関係や倫理、情動を論じた以下の議論も紹介された。Maria Puig de la Bellacasa, *Matters of Care: Speculative Ethics in More Than Human Worlds*, University of Minnesota Press, 2017.

*12　パスキネッリの議論としては、特に以下二本の論考を参照した。Matteo Pasquinelli, "Four Regimes of Entropy: For an Ecology of Genetics and Biomorphic Media Theory,"

あれ、必要となるはずのエネルギーの交換や代謝のプロセス――または、藤原のいう「分解」の作用――が抜け落ちてしまうからである。それに対してエネルギー論的な観点から生命を理解する視座が二〇世紀以降に情報技術――または、チェンによる批判的なデザインの実践――へと、いかにして展開することになったのか、この点についてパスキネッリはその思想史的な系譜を二〇世紀中頃の二重らせんの発見以前にさかのぼり辿り直していく。

その起点となるのは、一九世紀後半のドイツにおける自然哲学の伝統である。具体的には、エコロジーの名付け親として先にも触れた生物学者のエルンスト・ヘッケル（一八三四―一九一九）や、早くも生理学者のヘルムホルツとともに「あらゆる生命組織をエネルギー保存の法則に統御されたシステム」として理解していたエルンスト・ヴィルヘルム・フォン・ブリュッケ（一八一九―一八九二）らの思想である。[*13] こうした理解はまた、ブリュッケの講義を熱心に受講し、しばらく後に生と死の衝動をそれぞれエロスとタナトスという概念に練り上げたフロイトのエネルギー論にまで引き継がれる。さらにパスキネッリは、生物ごとに独自の知覚世界があることを指摘したユクスキュルの有名な「環世界」概念についても、エネルギーと情報という観点から独自の解釈を加える。ユクスキュルの著書『生物から見た世界』（原著一九三四年）には、環世界の動作を説明するうえでダニから人間などを含めたあらゆる動物に共通する第一原則として「機能環」なるものが導入されていた。機能環とは、動物を取り囲む知覚刺激と運動作用のあいだで循環する回路のようなものであり、実際に内的世界（神経）と環境世界（対象）のあいだを知覚／作用器官によって円形で括った図版が掲載されている。パスキネッリはこのエネルギーの循環経路を、サイバネティクス以前に提出されたフィードバック・ループの先駆として捉え直すのである。[*14]

環世界は従来、人間や非人間にとって個別のバブルのようなものとして説明されることが少なく

Fibreculture #17: Unnatural Ecologies, 2011, pp. 51–68; "The Automaton of the Anthropocene: On Carbosilicon Machines and Cyberfossil Capital," *South Atlantic Quarterly*, Vol. 116 no. 2, 2017, pp. 311-326.

＊13 Pasquinelli, "Four Regimes of Entropy," *op. cit.*, p. 54.

＊14 Pasquinelli, "The Automaton of the Anthropocene," *op. cit.*, p. 317. この点については、ユクスキュルの主著とその訳者解説および以下の論考にも詳しい。ヤーコプ・フォン・ユクスキュル『動物の環境と内的世界』（前野佳彦訳、みすず書房、二〇一二年）、秋澤雅男「ヤーコプ・フォン・ユクスキュルの環境世界論再考」（『立命館經濟學』第四三巻五号、一九九四年、八二―九九頁）。また、以下も参照のこと。ドミニク・チェンほか『情報環世界――身体とAIの間であそぶガイドブック』（NTT出版、二〇一九年）。

ない。だが、ユクスキュルが二〇世紀前半に、その基本原理としてフィードバック・ループのようなものを想定していたことは、前段までの議論にとっても重要な意義を持つだろう。一見、機械的にも思われる機能環に分解や発酵の作用がどこまで認められるのかは議論の余地があるにせよ、ここにはドイツの自然哲学からサイバネティクスへといたるエネルギー＝情報論的な生命理解の系譜が浮かび上がるからである。それは言い換えれば、有機物と無機物のあいだでエネルギーを互換可能にするシステムとして理解される「生態学」の成立が、生命と機械のあいだで情報を互換可能にしようとした「サイバネティクス」の視座と歴史的に重なり合うものであったことを示している。パスキネッリは、そうして登場した「サイバネティクス的エコロジー」が後になって戦後の米国西海岸での伝説的な雑誌『ホール・アース・カタログ』へと流れ込み、スティーヴ・ジョブズらに牽引される「カリフォルニア・イデオロギー」に浸透することになったとも指摘する。以上のような思想史的な系譜は、しばしば分断されたままに理解されがちな炭素（カーボン）と情報（シリコン）のアッサンブラージュを独自の視座から描き出すためのものなのである。

ここまでの指摘は、本セッションでみてきた「生態学的な分解」と「情報学的な発酵」を接続するための歴史的な素地として理解することも可能だろう。事実、報告後のやりとりではチェンから、カリフォルニア・イデオロギーに由来する昨今の情報技術産業がもっぱら短期的な効果や有用性を求めてきたのに対し、そうした情報技術や製品のうちに中長期的な「発酵」の時間軸をいかにして導入できるのかという問いも提出された。その背後に浮かび上がるのは、チェンが他の論考で記していた次のような指摘である。

わたしたちは、コンピュータのように情報をどこからかダウンロードして記憶野に保存しているのではない。自らの体内に入ってきてから、情報はどんどん解釈され、翻訳され、別の情報と有機的に混ざり合い、新たな価値や意味の素材になる。わたしたちは情報を「代謝」しているのだ*15

たしかに最適解をもっぱら最短で導き出そうとする「高速な」分解に対して、必要以上に時間を要する「低速な」発酵を対置するだけでは、後者はすぐに飲み込まれてしまいかねないのかもしれない。さらに、こうした対立は、会場との質疑（そして、すでに前段のセッション）でも指摘されたように、広くは生命を問い直そうとする議論が往々にして生気論と機械論とに分断されてきた歴史的経緯とも無関係ではないだろう。それでもサイバネティクス的エコロジーがますます支配的になる現状において、藤原の挙げた分解世界やNukabotによる発酵プロセスが興味深い事例となるのはなぜか。それは両者が共通して分解や発酵という作用を単に生気論的なものとして神秘化するのでも、急速な情報技術の進展と対置するのでもなく、むしろ人間以外の存在へと開き、そこで作用する物理的な記号現象として考察しているからであろう。

このことをあらためて私たちの普段の活動に照らしてみれば、それはとりもなおさず、崩れ落ちた資料の山やコンピュータのなかから読んだ気になっていた文献を何気なく取り出し、あらためて咀嚼し直しては何かを思いつくという作業をくりかえす、つまりは人文学に典型的な研究活動であるのかもしれない。とするなら、これまでにも頻繁に生命を主題としてきた本学会の取り組み（そして、ここまでの議論）もまた、分解と発酵のための豊かな土壌として掘り起こすことが可能となることを願いたい。*16

＊15　以下のチェンの論考は、こうした観点からも興味深い「創造＝発酵」論となっている。ドミニク・チェン「「創造」するな、「発酵」せよ――FERMENTATIVE CREATIVITYノススメ」『ポストコロナプロトタイプ――Creativityになにができるか』二〇二〇年二月寄稿、https://uoc.world/postcoronaprototype/#/l8qz1qawc/?_k=8z39gg（二〇二三年三月一日アクセス）

＊16　本セッションにも強く関連するものとして以下を挙げておく。セミオトポス1『流体生命論』慶應義塾大学出版会、二〇〇五年。

第Ⅱ部

自然と文化のあいだ（第四一回大会）

オートファジーと死なない生命——細胞のリサイクル・システムから考える[*1]

吉森 保・吉岡 洋（聞き手）

はじめまして、大阪大学の吉森です。私は生命科学者で、とくに専門が細胞生物学という学問分野になります。ですので、この学会は私の分野からみて遠いところにきたわけですが、何かしら皆さんの刺激になれば、そして、私自身も皆さんから刺激を受けられるんじゃないかと思ってまいりました。どうしてもこの頃の学問は細分化が進んでおりまして、いわゆる「タコツボ」に入ったような状態になりがちなので、時々はこうやって外に出てこないといけないなと日々、痛感しているところです。

私は高校時代には文系で、大学に進んだら哲学をやりたいなと思っていたんですけど、いい加減な人間なので、そのうち哲学じゃなく発達心理学をやりたいとか考えはじめました。そして、次に動物行動学が面白そうだと思い、結局は大阪大学理学部生物学科に入学することにしたんです。でも、その動物行動学をやったのかというと、じつは大阪大学には動物行動学の研究室はありませんでした。「ちゃんと調べろよ」という話なんですけどね（笑）。

当時はそんないい加減な高校生だったので、事前によく調べずに大阪大学に入って、でも入ってみたらやりたかったことができないということに気がつきました。本当は京都大学に行くべきでしたね。京都大学には、前の総長の山極壽一先生のような、ゴリラとかの霊長類の研究者を含む動物

＊1 以下は、日本記号学会第四一回大会セッション1の講演内容から、その後に編集を加えたものである。セッションの詳細は以下のとおり。
日本記号学会第四一回大会「自然と文化のあいだ——「生命」を問いなおす vol.2」
日時：二〇二一年一一月二七日（土）16時00分～18時00分
会場：福岡市内会議室・オンライン
セッション1「自己死を遂げる細胞たち——生命科学の視座から」

行動学の系譜があります。しかし大阪大学では、もっとミクロな、分子のレベルの研究しかできなかったので、結局は流れ流れてですね、細胞生物学という分野にたどりついて今に至っております。

そんなわけで、今日は「細胞」の話をさせていただこうかと思います。細胞の中には「交通網」のような、「メンブレン・トラフィック」と呼ばれるものがあるんですけど、その中に「オートファジー」という経路があり、それが私の専門ということになります。だけど、いきなりオートファジーの話をするとたぶんチンプンカンプンだと思いますので、まずは基本的な、「細胞とは何か」というところからお話させて頂きます。

1　細胞と生命――階層性、動的平衡、ホメオスタシス

生き物はすべて細胞からできています――これが大前提になります。ここには〔スライドを指しつつ〕オードリー・ヘップバーンとオランウータンの写真がありますけど、細胞レベルでは区別がつきません。同じような形をしているわけです。オランウータンと人間なんて、われわれ細胞生物学の研究者の尺度からみたらもう兄弟ぐらい近い存在なんですが、これが例えば酵母といったような、皆さんからみたら同じ生き物とは思えないようなものであっても、細胞の中身は基本的に一緒なんです。

細胞がすべての生物の基本単位であるということ――これは「細胞説」といわれ、もう一世紀以上も前に唱えられていたんですが、それが現在では正しいということがわかりました。今では生物学者にとって、皆が認めるドグマになっています。なぜ細胞が生命の基本単位なのかという点につ

図1　吉森保氏

いては数多くの定義があるのですが、簡単に言いますとそのうちの一つは、細胞が一個一個で生きていけるということ、それから、細胞が自律的に分裂して増えるということです。この点にかんして今〔コロナ禍において〕、われわれが非常に身近に感じているウイルスは、生物とはみなされません。なぜかというと、それは自律的に分裂できないからです。ウイルスは人間とか動物とか、他の生物の細胞の中に入り込んで細胞システムを使わないと増殖できないので、それは自己増殖じゃないわけです。自律的ではないので、生物の定義からは外れております。

それから、細胞の中では代謝が行われています。代謝というのは、専門用語で「メタボリズム」ですが、具体的には化学反応です。生体に特有の化学反応が起こっていて、生体活動あるいは生命活動というのはすべてが化学反応であり、その化学反応が細胞の中で行われている。最後に、私がいちばん大事だと思っているのが、細胞にはすべての遺伝情報があるという点ですね。これがあってはじめて、細胞が基本単位であるということを誰もが認めるようになりました。「すべての遺伝情報がある」とはどういうことかというと、専門用語では「ゲノム」と言いまして、この頃は新聞なんかにもよく出てきます。ただ皆さん、「ＤＮＡ」と「遺伝子」と「ゲノム」を区別できますか。似ているようでじつは違うんですけど、結構これは難しいですよね。医学部の学生でもちゃんと区別できなかったりするんですが、ご紹介いただいた私の本（図２）では、そのあたりもちゃんと説明していますので、本の宣伝になりますが、読んでいただけるといいかもしれません。

ゲノムというのは遺伝情報すべてのことです。「遺伝情報すべて」とは何かというと、例えば人間であれば人間一人を作るのに必要な情報ということになります。それが細胞一個一個に入っているんです。ですので、細胞を一つ取り出してくれれば、人間を一人作り出すことができます。昔は「理論的に可能」と言われていたのですが、今では技術的にも可能になっています。とはいえ、も

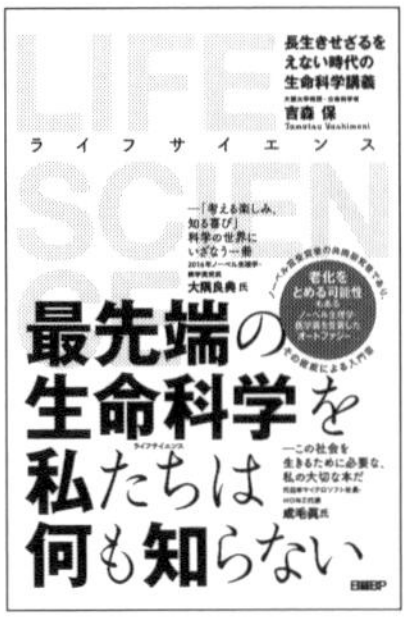

図２　吉森保『LIFE SCIENCE――長生きせざるをえない時代の生命科学講義』（日経ＢＰ、二〇二〇年）

ちろん人間ではやりません。クローン人間は倫理的に問題なので、絶対にやらないことになっています。ですが、羊ではすでに成功しておりますので、人間でもできるはずです。一個の細胞の中にその人一人を作るすべての遺伝情報が含まれている。そうするとやはり、細胞は生命の基本単位と言ってもいいんじゃないかと思います。

ヒトの場合、その身体は約三七兆個の細胞からできています。莫大な数ですけども、この一個一個が生きています。この細胞が目であるとか脳であるとか、さまざまな組織を作っており、その集合体として一個体が成立しています。ですので、細胞がすべてです。病気になるというのは、細胞がシックだということです。後で出てきますけど、健康であるというのは細胞が健康であるということですし、老化とは細胞が機能低下するということ、死ぬというのは細胞が死ぬということです。ですので、すべてを細胞に還元できるというのが、はじめに強調しておきたいことです。

つづきまして、「生命」というものの特徴について少しだけお話したいと思います。生命の特徴はもちろんたくさんあるんですけど、留意すべき点がいくつかあります。まずは「階層性」ですね。これが生命では非常に特徴的で、われわれ生命科学者は物質論者ですので、物質の話しかしませんが、この場合も物質の階層であり、大きさで分類されるわけ

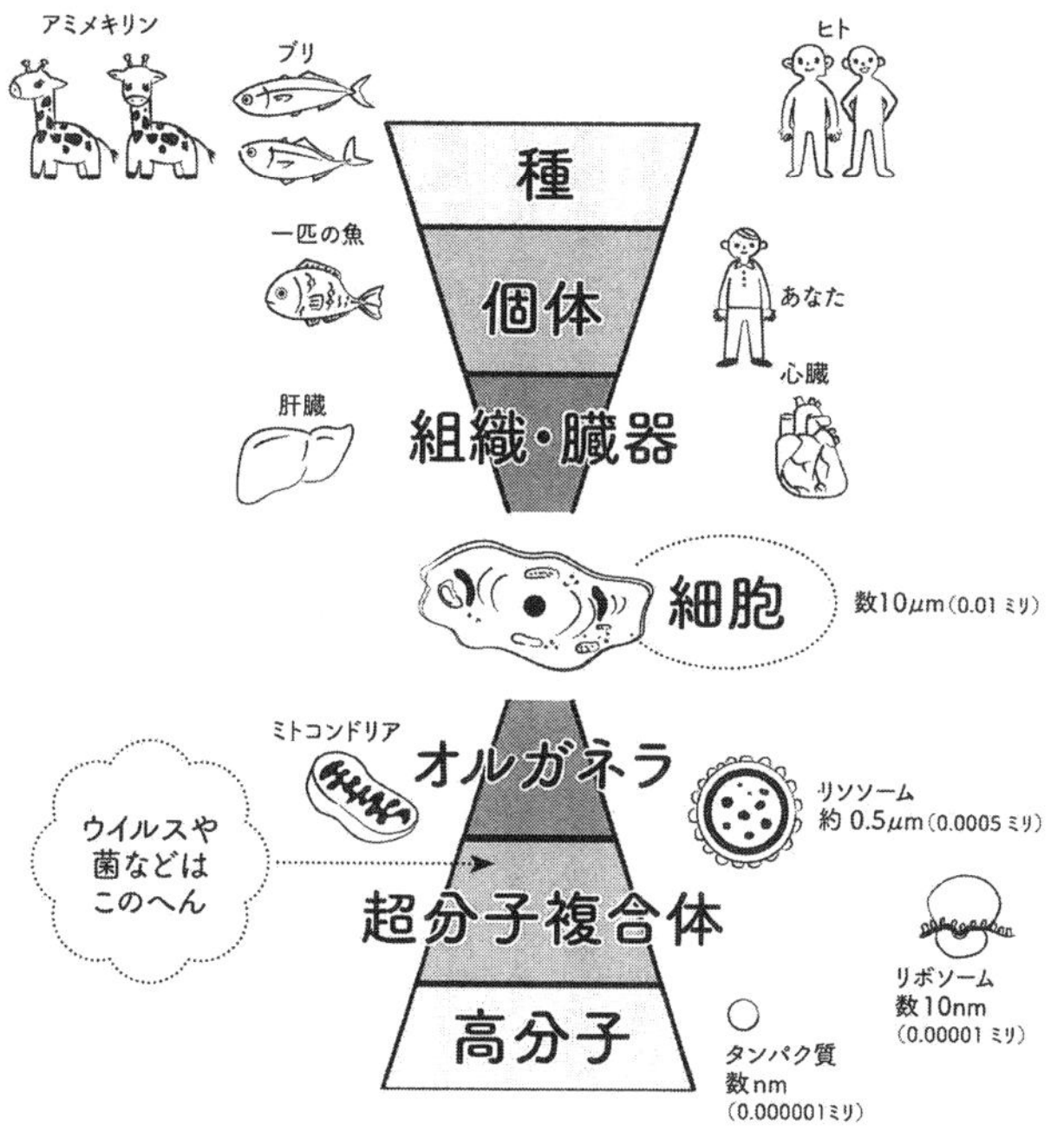

図3 階層の図（吉森保、前掲書、88頁）

です（図3）。いちばん小さいところにあるタンパク質などは、専門用語では「高分子」と呼ばれます。分子の下にも原子とか、原子核や電子とかがありますが、今の生命科学はまだそこまで及んでおりませんので——将来は関係してくるかと思いますが——、今のところはおもに分子からで、少し原子も扱いはじめているというところです。

分子が集まって、ちょっと大きめの分子のコンプレクス（複合体）というものを作ります。その上には「オルガネラ」と呼ばれるものがあり、これは日本語では「細胞小器官」と言います。ミトコンドリアなどは耳にしたことがあると思いますが、そういった類のものです。これはかなり大きな構造です。「大きな」といっても、われわれの基準はナノメートル、一〇のマイナス九乗メートルぐらいが物の大きさの基準なので、それと比べたら遥かに大きいというのがこの細胞小器官です。それでも数マイクロメートルで、一マイクロメートルは一〇〇万分の一メートル（一万分の一ミリ）なので、まったく目には見えません。そして、この細胞小器官がいろいろ集まって成立しているのが「細胞」です。細胞は数十マイクロメートルです。これも目には見えません。顕微鏡でないと見えない。なので皆さん、自分が細胞からできていると言われてもピンとこないわけです。ちなみに、新型コロナウイルスがどのぐらいの大きさかといいますと、一〇〇ナノメートルですから、一〇のマイナス九乗メートルなので、ミトコンドリアよりも小さい。これが細胞の中に侵入してきます。そこで、われわれのシステムを使って自分を増やしている。なので、感染されると困るわけです。

ですが、この上の階層になると「組織」や「臓器」のレベルになり、これはもう目に見えます。これは細胞が集まって作られています。脳であれ胃腸であれ皮膚であれ、すべてが細胞からできているわけです。その上にある階層が「個体」になります。これで終わりかというとそうでもなくて、個体が集まってスピーシーズ、ホモ・サピエンスなどの「種」を形成します。そして、この種が集まって、動物門とかいろいろあるんですけど、このあたりになるともう「社会」ですよね。おそらく宇宙をひろく見れば、この上の階層もまだあるんでしょう。他の星にいる生き物も入ってくれば、もっと大きな階層が出てくるかもしれませんが、今のところわれわれが扱うのはこのあたりまでです。

この階層はそれぞれ、下の階層が上の階層を支えているんですけど、相互に作用している。これがとても大事なことなんですが、非常に複雑な連関をしています。ただたんに積み重なってるだけではなく、階層間のやり取りがあるんです。これがまず、生命の「階層性」です。それからもう一つ、生命の特徴としてあげられるのが「動的平衡」かと思います。動的平衡とは「行く川の流れは絶えずして、しかももとの水にあらず」とよくあらわされます。川はそこに存在しているけども、川を構成している水の分子は絶えず入れ替わっていて同じではない。昨日見た川と今日見ている川は、物質的には完全に違うものですが、われわれはこれを川と認識する。生命の場合も同様で、ご存知のように細胞は入れ替わっています。皮膚の細胞は数十日ほどで新しいものに入れ替わるんですが、それが細胞の階層における動的平衡です。われわれが専門にしています「オートファジー」は、この細胞の中の動的平衡を支配しています。これは最近わかってきたことなんですが、細胞の中も絶えず入れ替わっている、そういった話を後でいたします。

この上の階層では、個体も入れ替わっています。個体も歳をとって死に新しい世代が生まれ、二〇〇年もしたら同じヒトはいないわけです。例えば日本という集団、人間の集団は存続しているわけで、そもそも生命というのはそうして何億年も続いてきましたが、全部入れ替わっているわけです。だから、このようなレベルでも動的平衡があるということになります。

これで二つ、階層性と動的平衡という生命の特徴を申し上げましたが、もう一つ、非常にわれわれにとって重要な特徴があります――それが「ホメオスタシス」です。ホメオスタシスという言葉も専門用語ですが、日本語では「恒常性」とも呼ばれます。同じ状態を保つような性質のことですが、生命は、というか細胞は、このホメオスタシスの維持を行う装置や機械とみなすことができます。エントロピーの話は少し難しいかもしれませんけれども、エントロピーは増大していくというのが熱力学の第二法則であり、これは破ることができない法則です。けれども一見すると、生物はそれをひっくり返しているようにみえます。私も物理学者じゃないんであまり詳しい説明はできませんが、エントロピーは――これは「秩序」とも言い換えられます――必ず崩壊に向かうというのが熱力学の第二法則のポイントになります。エントロピーは増大していく、秩序は崩壊していく、そして最終的には、熱平衡といって完全に均一な状態になってしまう。

エルヴィン・シュレディンガーという物理学者が執筆した『生命とは何か』[*2]という、われわれ生命科学者にとってはバイブルになっている本があります。ずいぶん前の本〔一九四四年初版〕ですが、とても鋭い視点で書かれていて、とくに物理学者によるものなので、われわれ生命科学者にとっては非常に新鮮なんです。そこで彼は驚いたわけです。生物というのは熱力学の第二法則に反しているんじゃないか、と。そしてそれを説明するために、彼は「負のエントロピー」という概念を提出します。結局のところ、第二法則を破っているわけではないんですが、局所的にはそれが可能だということです。宇宙全体としては平衡状態に向かっているんですが、局所的に生物はそれを破っている。その局所とは何かというと、細胞です。だから細胞の内部での秩序、そのエントロピーを外に吐き出すかたちで維持している。エントロピーを一定に保つというのが生命にとって最大の特徴ではないかと私は思います。それは「秩序を維持し続けるシステム」だと言えるのではないか

＊2　『生命とは何か――物理的にみた生細胞』岡小天・鎮目恭夫訳、岩波文庫、二〇〇八年。以下、脚注は断りのない限り、編集部による。

――これが今日のお話のベースになる考えだと思っております。

2　細胞という社会

では、どうやって細胞がそうした秩序を維持しているのか。まず、この細胞小器官ですね。先の階層にも出てきましたけど、細胞の中にはいろいろな構造物があってそれぞれ働きがあります。人間の中に内臓がいろいろあるのと一緒ですが、これは何か適当にあるわけではなくて「社会」を形成している。細胞生物学者というのは二種類いまして、例えばｉＰＳ細胞を見つけられた山中伸弥先生という京都大学の先生がおられます。彼も細胞生物学者ですけど、細胞の振舞いを研究しています。『はたらく細胞』[*3]というマンガが流行りまして、私もぜんぶ見ましたけど、なかなかよくできていると感心しました――血小板がなぜ、かわいい女の子として描かれるのかは意味がわからないですけども（笑）。でも、あの作品が表していることはとても科学的です。なので、私の学生にも薦めていますが、細胞が社会を作っているという話ですね。人間の体が、その細胞の社会なんです。

ところが、細胞の中にも社会があるわけです。どんな漫画のタイトルになるかというと「はたらくタンパク質」です。細胞の中ではタンパク質が働いています。二種類の細胞生物学者というのは、細胞の振舞いを扱うグループと細胞の中を研究するグループということで、私は後者なんですが、そういう研究者にとって細胞の中は一つの「宇宙」です。極小で目には見えませんけれど、その中に丸々一つの宇宙があるような感覚で研究しています。それぐらいのひろがりがある。それと同時に「社会」でもある。先ほど申し上げた細胞小器官というのが、人間の社会の建造物、つまり

＊3　清水茜作、『月刊少年シリウス』二〇一五～二〇二一年に掲載。

は工場や発電所、病院であるとか、そうした機能をもつ建造物です。社会における「人間」に当たるのが、タンパク質です。タンパク質というと皆さん、栄養素としてのタンパク質を思い浮かべられるので何か一種類だけというように思われがちですが、じつはタンパク質にはものすごく種類がたくさんあって、人間の体の中には約二万種類以上のタンパク質が存在しており、それぞれ機能が異なります。つまり、人間がいろいろな職業をもっているのと一緒で、タンパク質には役割があるんですね。「職能」があり、細胞の中で働いているわけです。

そして、細胞小器官のあいだを結ぶ交通網が存在しています。タンパク質はその交通網に乗ってあちこちに行ったり来たりするわけですが、私はその交通網の専門家です。専門用語では「メンブレントラフィック」と言いますが、人間の社会の交通網によく似ていて、あるものをたんにA地点からB地点へと移すだけでなく、計画的に、これだけの量をここに届ける、しかも正確に届ける、ということを達成しています。それによって、先ほど申し上げたホメオスタシスが維持されています。人間の社会も交通網に限らず、いろいろなことが機能していると秩序が維持されるわけですが、それと同じことが細胞の中でも起こっています。

「オートファジー」とは、この交通網の一部です。また後でお話いたしますが、この交通網の研究をすればするほど、よくできているということに気がつくわけです。私は「細胞内ロジスティクス」というのを提唱しておりますが、もともと「ロジスティクス」とは古代ローマ軍の兵站線のことで、後に産業界で計画的に物をどれだけ作ってどれだけ運ぶか、といったことを達成する戦略を意味するようになりました。細胞内にもそういうロジスティクスがあり、とても精緻あるいは巧妙に物質の輸送が行われているということを表現したくて、この言葉をつかったんです。

そして文部科学省から「細胞内ロジスティクス」という新しい研究領域が認められ、グループ研究でかなりの額のお金を頂いて、関連する研究者を集めて研究を進めました。ネットとかにも出るものですからあるとき、人間の世界の輸送業界の新聞記者さんから取材したいとの申し出がありました。おそらく勘違いされていると思ったんでお断りしたんですけども、でも「わかってるから取材したい」と食い下がられたのでお受けしたんですね。そうすると、トラック業界の新聞で、記者の方はやっぱりわかっておられなかった。最初に聞かれたのが「西濃運輸の合併問題をどう思いますか」と質問されて、それはさすがにわかりませんとお答えしたんです（会場笑）。それでも、せっかく取材にこられたんで、私が細胞の中の話をしてですね、記者さんも一生懸命理解しようと努められて、細胞の中に驚異的な物流システムがあるんだということで一面で記事にしていただいたんです。実際にこういうシステムを研究していると人間の社会に応用できるかもしれない、「バイオミメティクス」という生物現象を応用する工学がありますが、そういう使い方もできるかなとは思います。

ただですね、いちばん説明が難しかったのは、そのロジスティクスを「誰が考えているのか」と聞かれたときです。いや、誰も考えていませんと。これはもう生命科学の鉄則ですけど、残念ながらわれわれは「神」を想定しませんので、「誰も考えていない」としか言えません。偶然の積み重ねでそういうシステムができたんだ、という説明しかできないんですね。でも、そんなことを言っても信じてもらえないわけです。われわれ自身もそれをすごく不思議に思います。なぜ、こんな複雑なことが誰の計画でもなしに進化してきたのかはきわめて不思議です。先ほどの新聞記事の中にイラストがあるんですけど、結局わかってもらえなくて、「神様」が指図している絵が書かれていてちょっとがっかりしたんですけど、しょうがないですね（笑）。もう説明のしようがないあたりがわれわれの、というか生命科学の限界みたいなところです。きわめて「合目的的」にできているんですけど、物質科学なので当然、合目的性はないと考えますから。誰もそれを考えた人はいないはずなのに、あたかも誰かが考えて、それも非常に優れた神様みたいな存在でないと不可能なことが細胞の中では起こっています。生命科学は、同じ理系の学問の中でも特殊ですね、そういう意味では化学や物理学とは少し違うところがあります。

ここで細胞の話に戻ると、細胞の研究をするときに使う材料があるわけです。例えば、ネズミやウサギを実験に使ったりしますが、私の研究室ではほとんどそういうものを使わず、その代わりに人間の細胞を使います。細胞はさっきも言いましたように、一個ずつが生きていますので、体から切り離しても生かすことができます。それを「培養細胞」といい、シャーレの中でずっと生かすことができるんです。これについてはいちばん有名な細胞に、「ヒーラ細胞」があります。これは実際に今も私の研究室でも使っていますし、世界中の研究室で使われています。この「ヒーラ（HeLa）」細胞とは、じつはヘンリエッタ・ラックス（Henrietta Lacks）さんという女性のお名前に由来しています。ヘンリエッタさんは一九五一年、すでに七〇年も前に亡くなっています。子宮頸部がんで亡くなったんですけど、そのときにお医者さんがその子宮頸部がんを分離して、それが今でも生き続けているのです。これが人間の培養細胞でいちばん古いものであり、それが今でも実験で使われているわけです。われわれはこのヘンリエッタさんから恩恵を受けているといえるでしょう。

虎は死んで皮を残すと言いますけど、人は死んだら細胞を残せるわけです。けれど残念ながら、ヘンリエッタさんは自分の細胞がこうして使われていることはご存知なかった。もちろん今だったら、そんなことは許されません。「インフォームドコンセント」と言って、ちゃんと説明しないといけないんですが、当時はそういう概念すらなかったために、医者が勝手に切り取って勝手に使っていて、遺族がとても怒ったという話が残っています。『不死細胞ヒーラ』[*4]という書物に、そうしたことが出てきます。

ここで私が強調したいのは「ずっと死なない」いうこと、この細胞は死なないんです。もちろん人間は死にますよね。このヘンリエッタさんもじっさいに亡くなられています。なのに、細胞は死なない。つまり「細胞が生命の基本単位である」ということは「生命は死ぬようにできていない」――このことを強調しておきたいと思います。ヒーラ細胞も五〇〇年したら死ぬんじゃないか、と言われたら反論はできないですが、おそらくは死にません。メカニズム的には死なないようにできています。もちろん、これはガン細胞だからです。ガンという病気の性質上そうなるんですけど。でも、ここで言いたいことは、死なないようにもできるということです。

では、なぜ病気になるのか。これはいろいろな要因であり、ウイルスのせいということもあれば内発性の原因もあります。細胞の恒常性の維持装置は、先ほどの交通網だけではありません。人間社会にあるのと同じようなものがいろいろと働いて、秩序が維持・構築されているわけですが、それらが何らかの原因で破綻する、あるいは一部が攪乱されるという状態が「病気」だといえます。だから病気とは、細胞の機能不全なんですね。場合によっては、細胞が死んで病気になる。たとえばアルツハイマー病というのは、脳の細胞が徐々に死んでいくことで発症しています。そういうことも、細胞における秩序の維持サイクルの崩壊によって惹起される。では「老化」とは何かといいますと、それは機能低下です。歳をとると細胞の機能が低下していく――この話はまた後でいたします。

＊4　レベッカ・スクルート『不死細胞ヒーラ――ヘンリエッタ・ラックスの永遠なる人生』中里京子訳、講談社、二〇一一年。

3　オートファジーとは何か

ここからようやく私の専門の「オートファジー」の話をいたします。オートファジーとは、簡単にいうと細胞の交通網の一部でして、細胞の中にある物を回収してきて工場に運んでリサイクルするという、そういったシステムのことです。もちろん細胞の中にトラックはありませんので、非常に柔軟性のある膜と呼ばれる構造ができて、最初は「お皿」みたいな形をしているのですが、段々と「丼」みたいな形になり、片側に伸びながら曲がっていきます。そうすると「壺」のような形になって、最後にこの壺の口が閉じます。だから「パックマン」みたいなものが細胞の中にあらわれて、直径一マイクロメートルぐらいの空間にあるものを閉じ込めるということです。これを「隔離膜」と呼びます。

一マイクロメートルというとすごく小さいですけど、タンパク質からすると一千倍大きいので、たくさんのタンパク質などが包み込まれてしまう。このパックマンは最後に口が閉じますが、閉じた状態のものを専門用語で「オートファゴソーム」と呼びます。この構造物は、オルガネラの一種とみなされます。これがトラックのように移動して、「リソソーム」という別のオルガネラのところまでたどりつきます。そうしてリソソームとオートファゴソームとが出会うと、まるでシャボン玉二つが一つになるような現象が発生します。これは「融合」といいまして、内部が混ざり合うことになります。すると、リソソームは消化酵素をもっているので、胃や腸にある消化酵素と同様に、オートファゴソームの内部が消化されるんですね。例えば、タンパク質は消化されてアミノ酸になります。そうしてできたアミノ酸は、細胞によって一〇〇パーセント再利用されます。ですので、このシステムは「リサイクル・システム」や「リサイクル工場」とも呼べるもので、それが「オートファジー」です。オートファジーとは物の名前ではなく、この一連のプロセスの名称なのです。

ここで、オートファジー研究の歴史を振り返りたいと思います。じつはオートファジーはすでに一九五〇年代には発見されておりました。このグラフ（図４）はオートファジーに関わる論文の数を一九五三〜二〇二〇年の範囲で表しており、一般的に生命科学の領域では、論文の数が多いほど盛んな分野とみなすことができるんですが、しかしオートファジー研究は長いあいだ低迷しておりました。ところが二〇〇五年ぐらいから、それに関連する研究がどんどん増えはじめまして、今では年間に、世界で一万報を超える論文が出る状態になり、まだ増えつづけています。これまで低迷していたものがなぜ急に発展したかといいますとその理由は明白で、一九九三年に大隅良典先生がオートファジーに必要な遺伝子群を発見されたんですね。遺伝子というのは、タンパク質の設計図です。タンパク質が働き手にあたるので、設計図がわかれば誰が働いてるか、どのような働きでオートファジーが起こされるのかが解明できるわけです。これを「分子機構」といいますけど、メカニズムがわかるということで大きなブレークスルーになりました。大隅先生は酵母の専門家であり、酵母は単細胞ですが細胞からできていて、その中には交通網もちゃんとあるんですね。この酵母を使って研究されたんです。

私事になりますが、大隅先生が東大の助教授から愛知県岡崎市にある国立基礎

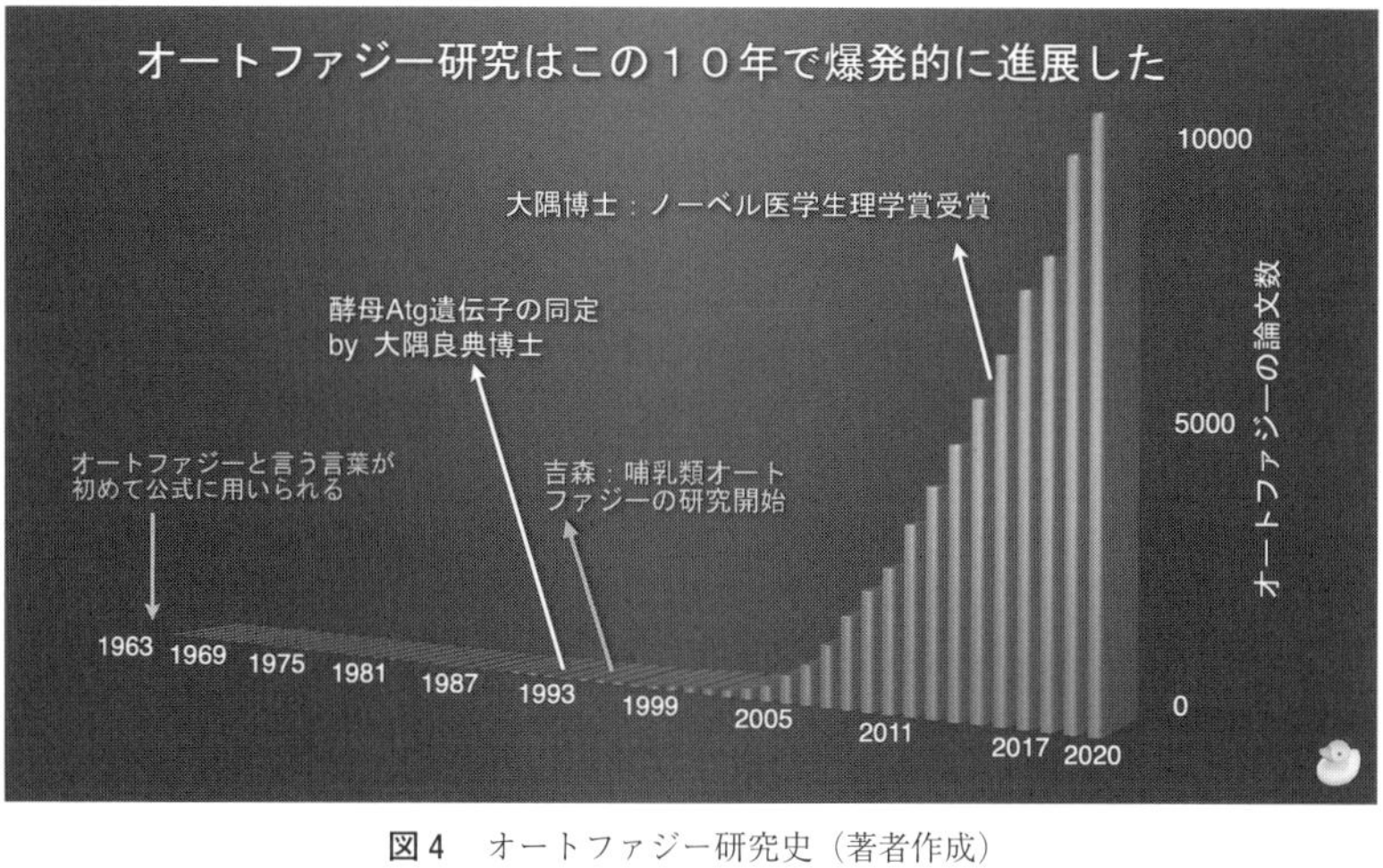

図４　オートファジー研究史（著者作成）

生物学研究所の教授になられたときに、当時私大の助手だった私を新しい研究室の助教授として呼んでくださいました。なぜ呼ばれたかといいますと、私は哺乳類が専門だからです。大隅先生は将来、オートファジーの分野が哺乳類で発展するであろうことを予見されていて、それで哺乳類の専門家である私が呼ばれたんですね。ただ、哺乳類の専門家は他にたくさんいらっしゃいますし、なんで私だったのかよくわからないので、だいぶ時間が経ってからご本人に質問したことがあるんですけど、忘れたとおっしゃられていました……（笑）。結局はわからずじまいなんですけど、ともあれ私はラッキーでした。なぜかというと、この時点でまだ何もわかっていない未知のものがあるというのは、科学者にとって大きな魅力でしたからね。ちょうど、新大陸が目の前にあるような状態です。あるいは、誰もまだ踏んでない新雪があって、そこを駆け回れるという興奮に満ちた時代でした。この頃がいちばん幸せだったかもしれません。けれどその頃は、オートファジーという言葉自体を、専門家であっても知らない人が多かった。「オート」はギリシャ語で「自分」、「ファジー」が「食べる」ということなので、オートファジーは日本語で「自食作用《じしょく》」と訳されます。われわれが「自食作用研究会」というのを作ったところ、「何か職を辞めさせる作用があるんですか」と揶揄《からか》われたのが一九九六年頃の話です……（笑）。このときには、オートファジー研究が役に立つか立たないかはまったくわかりませんでした。われわれにも予見できなかったのですが、結局のところ現在、これだけ多くの論文が出て、大隅先生は二〇一六年にノーベル賞を受賞された。その大きな理由は、オートファジーが人間の健康と密接に関わるということが後にわかってきたからです。これから申し上げますが、たくさんの病気の抑制や寿命の延長などに、このオートファジーがかかわっていることが理解されるようになって、多くの人がそれを研究するようになった。それまではまったくわからなかったんですが、われわれはそれでも構わなかったんです。とにかく、そこにある謎を解きたかった。幸運なことに、この分野が発展するのを目の当たりにできましたし、私もいくばくかは貢献できたと思っております。

大隅先生がノーベル賞を受賞されたことは本当に研究者冥利につきる、私の夢でもあったということでとても嬉しかったです。ただ、日本のマスコミはなぜかノーベル賞が大好きで、発表があったときはものすごい大騒ぎになりまして、まあ、いちばん大変だったのは大隅先生なんですけど、私のところにもたくさん記者が押しかけてきて、夕方から深夜までずっと大勢の記者に取り囲まれて尋問されました。でも、誰もオートファジーのことは聞いてくれなくて、もう大隅先生ってどんな先生ですかと、そればっかりでちょっと参りましたけどね……(笑)。

4　オートファジーの三つの役割——栄養摂取、新陳代謝、生体防御

さて、オートファジーが何をしているかについて、お話したいと思います。まず、第一の役割は「栄養を得る」ということです。動物の細胞は、通常は外部から栄養を取り込みます。外から栄養を取り込むというかたちで負のエントロピーを取り込むわけです。これが途絶えると死んでしまいます。そして自然の中では、餌が確保できず栄養を取り込めないという事態がしばしば起こります。そういう緊急事態を生き延びるために、細胞はオートファジーによって、自分の成分を消化して栄養源にします。もちろんぜんぶ食べてしまったら死んじゃうわけですが、一部であれば死ぬよりは良い、ということです。飢えたタコが自分の足を食べて生き延びるといわれますが——これは本当ではなくて、じつはタコはストレスがかかると足を食べるそうで、わりと繊細な生き物なんですね——、細胞は飢えると、手足がなくなっても生きている方がマシだということで、自分の一部

を栄養にしてしまいます。

余談で恐縮ですが、オートファジーは先ほど申し上げたように、誰も知らないような分野でした。もちろんノーベル賞の受賞の後には知っている人も増えたんですが、じつはそれ以前にも一部の人のあいだでは知られていたんです。私が中学生を相手に講演したことがあり、当然知らないだろうと思い、授業の始めに「オートファジーって知ってる?」と聞いてみたら、一〇人ぐらいが手を上げたので驚いたことがありました。彼らに質問してみたら、『トリコ』というマンガをとおしてこれを読んで知ったというんですね。*5 これは『少年ジャンプ』に掲載されていたマンガですけど、そのなかにオートファジーが出てくるんです。そしてそこには〔作中の文章を引用しつつ〕「栄養飢餓状態に陥った生物が自らの細胞内のタンパク質をアミノ酸に分解し一時的にエネルギーを得る仕組みである」という説明がある。これはすごく正しいんですね……(笑)。大変驚きまして、私は残念ながらもう『ジャンプ』は読んでいなかったんですが、大学院生に買ってきてもらってそれを読みました。話の筋としては、主人公がこのオートファジーによってエネルギーを得て敵に勝つという――まあそうはいかんだろうとは思うんですけども――、そういったマンガです。

でもマンガの威力は絶大で、それにより中学生たちでも「オートファジー」を知りえたわけです。そうするとですね、われわれの分野では『ネイチャー』とか『サイエンス』といった一流の学術誌があり、そこに論文を書くことが目標です。一流誌かどうかは、インパクトファクターという指標が高いかどうかで決まりますが、この『ジャンプ』にもインパクトファクターがあるとしたら、たぶん『ネイチャー』の比じゃありませんね(笑)。一〇〇万部とか売れますから、私らが講義をしたり論文を書いたりするより、マンガを描いてもらう方が絶対に影響力があると思います。

さて、以下のオートファジーの二つ目の役割と、その次に申し上げる三つ目の役割が、じつはオ

*5　島袋光年作、『週刊少年ジャンプ』二〇〇八〜二〇一六年に掲載。

ートファジーの重要性を示しています。まずは「細胞の新陳代謝」です。先ほど栄養がなくなるとオートファジーが働くと言いましたが、栄養があってもオートファジーは日々少しずつ起こっています。何をしているかというと、中身を入れ替えているんです。これは、先に申し上げた「動的平衡」のことです。人間は一日あたりタンパク質をだいたい七〇グラムくらい食べます。その一方で、細胞の中では日々、約二四〇グラムのタンパク質が合成されています。人間の体内でタンパク質が作られているということですが、二四〇グラムとは結構な量ですよね。食べた七〇グラムでは足りないですし、そもそも七〇グラムくらいはエネルギーとして使われてしまいます。では、二四〇グラムはどこからくるかというと、オートファジーがもともとあったタンパク質の一部を分解し、その総量が二四〇グラムになるんです。分解してできたアミノ酸をもちいて新しい二四〇グラムのタンパク質が作られている、つまりは動的平衡状態にあります。この平衡が崩れると太ったり痩せたりしてしまうのですが、普通は平衡状態です。

これは長いあいだ謎でした。壊すのも作るのもエネルギーが必要です。エネルギーを消費してまで、なぜ同じ状態にするのか。つまり、見たところは何も変わらない、もちろん、これは成長期と違って大人の話ですけど、何も変わらないのに、なぜエネルギー使ってまでそんなことするのか。その理由が、オートファジーの研究によって明らかになりました。オートファジーによって壊すので、その壊すことをやめたらどうなるかという実験が可能になったんです。あくまでも動物実験の水準ですが、オートファジーをやめたらいろいろな病気になり、下手をしたら死んでしまいます。そうしたことがわかってきたので、動的平衡が大切だということになりました。

なぜそれが必要なのかというのは、本質的なところはまだわかっておりませんが、おそらくこういうことだろうと思います。いつもパルテノン神殿と伊勢神宮を例えに使うのですが、両方とも二〇〇〇年以上前に作られた建造物です。パルテノン神殿の方はボロボロです。遥かに立派で頑丈にできているのに「ボロボロ」なのに対し、伊勢神宮は木造にもかかわらず「ピカピカ」です。ご存知の方もいらっしゃると思いますけど、「式年遷宮」といいまして、伊勢神宮は二〇年ごとに完全に建て替えています。まったく同じ大きさの敷地が二つ用意されていて、何もない側に完全なコピーを建て、古い方は完全に撤去します――いわば「スクラップ・アンド・ビルド」ですね。これは伊勢神宮では「常若《とこわか》の思想」と呼ばれます。いつもフレッシュな状態で神様をお迎えしたいという考えですが、この思想を細胞ももっているようです。とはいえ、細胞は二〇年に一回ではなく、毎日数パーセントずつ入れ替えるのですが……。これは結局、先ほど申し上げたエントロピーの減少です。作り替えることで秩序を維持する、だから破壊が秩序の維持に貢献しているということになります。オートファジーは「破壊」を司るわけですが、その一方で「再生」の神でもある。これだけでも、オートファジーの重要性がわかっていただけるかと思います。

つづいて、オートファジーの第三の役割について説明します。先ほどのものは、もともとあったものを入れ替えていたんですが、細胞の中に困ったものや有害なものが現れると、これを狙い撃ちで除去します。例えば病原体、または病気の原因になるような異常タンパク質や、異常でなくともタンパク質の塊ができてしまうとアルツハイマー病などになるんですが、そういうものを取り除きます。壊れたオルガネラもそうです。例えば、ミトコンドリアというのは発電所にあたりますが、これに穴が開くととても危険なんです。人間の社会でも、原子力発電所が壊れたら大変なことになることをわれわれは身をもって体験しましたが、細胞の中の発電所で穴が開くと、放射性同位体の代わりに「活性酸素」が出てきて細胞を傷つけてしまいます。発癌したり細胞が死んだりするので危険なんですが、そういうものがあらわれると、このオートファジーが狙い撃ちで除去してくれるということがわかってきました。

これは栄養のためではなくて「生体防御反応」であり、ひろい意味での免疫ということになります。いわゆる免疫というのは、免疫細胞が外敵（病原体）を殺してくれるんですが、細胞の中にまで外敵が入り込んでしまうと、免疫細胞はそれを殺せません。しかし、オートファジーであれば細胞の中で迎え撃つことができる。今までは細胞の中に外敵が入ったらもうどうしようもないと言われていたのが、じつはオートファジーが細胞を守っていたのです――そのことが、われわれの研究でわかりました。この「狙い撃ち」というのがすごくて、サルモネラは食中毒を起こす菌ですが、腸の細胞の中に入り込んできて悪さをするわけです。これをご覧いただくとわかるのですが（スライドで動画を提示しながら）、紫色のサルモネラ菌の周囲にぴったりと緑色の隔離膜ができて包み込もうとしている。これは非常に選択的で、そこにサルモネラがいると認識したうえで包み込むんですね。今回は時間がないので話しませんが、認識のメカニズムもわれわれの手で明らかにすることができました。

では、ウイルスはどうか。じつはオートファジーはウイルスも攻撃します。ところが、コロナウイルスはオートファジーを妨害する能力をもっています。オートファジーではコロナウイルスを殺せないので厄介というわけです。今、われわれの研究室では新型コロナウイルスがどうやってオートファジーを妨害しているのかを調べておりまして、もうだいぶわかってきています。妨害のメカニズムがわかれば「妨害を妨害する」ことができるようになり、オートファジーによって新型コロナウイルスを攻撃することができる。これがうまくいけば、ワクチンではなく治療薬が開発できる可能性があります。最初に申し上げたように、ウイルスは細胞の中でないと増殖できませんので、細胞の中で殺されてしまうとウイルスはもう、それ以上は増殖できなくなり重症化しません。ということで現在、これを一生懸命研究しているところです。

それから、先ほど皮膚の細胞が入れ替わるというお話をしましたけど、神経細胞や心筋細胞は一生のあいだ、ほとんど入れ替わりませんので、中の入れ替えがとても大事なんですね。オートファジーの重要性が他の細胞よりも高いので、オートファジーが低下したりすると病気になりやすい。タンパク質の塊ができて、神経細胞が死んでしまうと認知症になる。再生もしないので、記憶も失われるという状態に陥るわけです。通常であれば、オートファゴソームがこういうものを処理してくれます。では、なぜこんなに認知症があるのか。これもわれわれの手で明らかにできたんですが、「ルビコン」というタンパク質を発見しました。このルビコンというタンパク質は、細胞の中でオートファジーに対してブレーキの役目を果たしています。オートファジーが暴走しないようにしているんですが、これがいろんな状況で増えすぎてしまうことが判明しました。

例えば「高脂肪食」と呼ばれる脂っこい食事を摂ると、このルビコンというタンパク質が肝臓で増えてブレーキがかかりすぎ、オートファジーが止まってしまう。そうすると、肝臓の細胞内に脂肪の塊ができて、普通だったらこれをオートファジーが分解してくれるはずがそうならなくなり、肝臓がフォアグラみたいになってしまう――これは「脂肪肝」という病気です。現在のところ世界人口の三割が罹患していて、皆さんも健康診断で指摘された方がいるかもしれませんけど、これを放置しておくと肝臓がんになる恐れがありますのでたいへん危険です。その原因がオートファジーの低下にあったわけです。健康な人でも、こういう食事をしていたらなりうるので、非常に重要な発見だと思っております。

では、先ほどのアルツハイマー病はなぜあるのか。アルツハイマー病はお年寄りに多いのをご存知だと思いますけど、じつは歳をとるとオートファジーが低下してしまうんですね。その前に、もう一つ重要なことがあります。「寿命延長作用」というものが知られており、研究者が動物の寿命を人為的に延ばすことに成功しています。やり方はいろいろありますが、いちばん有名なのはカロリー制限です。カロリーを制限すると寿命が延びることがわかってきています。それから生殖細胞を除去すると寿命が延びます。生殖と寿命は、逆相関の関係にあるんです。これだけは人間でも事例が知られています。中国の清の時代の宦官です。宦官は去勢されていたんですが、彼らの寿命が長かったことは記録にも残っています。

しかし、いろいろある「寿命延長作用」は相互には何も関係がない、カロリー制限と生殖細胞の除去のあいだには何の関係もありません。では、何か共通項はないかと皆が探したら、オートファジーだったんですね。この二つに限らずどの場合もオートファジーが活性化している、つまりは細胞の中の入れ替えなどが活発になっていたんです。では、オートファジーをできなくしたらどうなるか。オートファジーができない動物を作ることもできるのですが、そうすると寿命は伸びない。つまり、寿命の延長にはオートファジーが必要だということがわかったんですね。

ところが実際には、歳をとるとオートファジーは低下してしまう。すると、この低下の原因を調べて取り除いたらどうなるか、ということは誰でも思うんですけど、これをわれわれが発見しました。これもルビコンの増加が原因でした。高脂肪食を食べるとルビコンが増えると言いましたが、食べてなくても歳をとったら誰でもルビコンが増えてしまう。人間でもそうですし、動物でもそうです。では、ルビコンがない生き物を作ったらどうなるか。今は「遺伝子破壊」といって、Aというタンパク質の設計図であるA遺伝子を破壊して、特定のタンパク質をもたない動物を生み出すことができます。ルビコンがない動物を生み出すと、歳をとってもオートファジーが下がらず、しかも寿命が一・二倍に延びました。歳をとってオートファジーが低下する原因はルビコンの増加であり、ルビコンさえなければ寿命が延びるということになります。

寿命が延びるだけでもすごいんですが、それだけではありませんでした。「老化」というのは、医学的にいえば様々な病気の発病率の増加です。加齢性疾患という、歳をとるとなりやすい病気がたくさんあります。アルツハイマー病もそうですが、「がん」が典型ですね。六〇歳超えると発がん率は急速に上昇しますし、最終的に死亡率も上がります。これを「老化」と呼ぶわけですが、ルビコンをなくすと、加齢性疾患を抑制できることがわかってきました。

ここではもちろん、動物を使って実験してるんですけど、線虫というミミズのような生き物も歳をとるとだんだん動かなくなります。これは人間と一緒です。ところが、ルビコンのない線虫は歳をとっても活発に動くんですね。人間でいえば、八〇歳になってもフルマラソンを走ってますといった感じで、そういう動物を作ることができました。それから腎臓は歳をとると線維化が起こって腎臓病になるんですけど、マウスを使った実験でそれも抑えられることが明らかになりました。アルツハイマー病と一緒で、脳の細胞が死んでいくパーキンソン病も歳をとると多いのですが、マウスを使った実験によるとこの病気も抑えられる。それから実際に動画があるんですが〔動画を再生しつつ〕、ポリグルタミン病という、アルツハイマー病やパーキンソン病と同じで、神経変性疾患という脳の病気を起こしたハエを作ることができます。普通のハエは年寄りでもこうして下から上へと試験管の壁をよじ登るのに、ポリグルタミン病のハエは歳をとると登れない。ですが、このルビコンがなくてオートファジーを活発化させた年寄りのハエは、この病気であっても壁を登ることができるんですね。

寿命を延ばすだけではなく、各種の加齢性疾患を抑制するということは、「健康寿命」にかかわってくるということです。日本人は世界的にみても、非常に平均寿命が長いです。長いのですが、しかし問題は健康でいられる寿命、健康寿命です。つまり歳をとると、みんな病気になってしまうわけですよ。日本は「有病率」がきわめて高く、健康寿命と平均寿命のあいだに一〇年の差があります。つまり、多くの人が最後の一〇年を病気で過ごさないといけない。これが大きな課題でして、それを克服できなければ、まず、われわれ自身がハッピーではありませんし、さらには、国家財政を大きく圧迫してしまいます。もしかしたらオートファジーを手がかりに、この壁を突破できるかもしれません。

5　オートファジーと死

ここで話を戻しますと、われわれが研究していて思うのは、細胞というものはエントロピーの減少をものすごい仕組みで正確に行っている装置なんです。細胞はそのようにちゃんと設計されているのに、なぜ老化するのか。その理由の一つとして「プログラム」されている、そうなるように仕組まれているんじゃないかと、われわれは考えています。もちろん、劣化ということも考えられます。例えばある先生たちは、情報の劣化が起こっていると考えます。情報理論ですが、それもあるでしょう。だけど例えば、このルビコンが増えるということは、明らかに遺伝子のレベルで老化や死が規定されている。本当はそうならないようにできているのにもかかわらず、そのようになっている。

「死ぬ」ということでいえば、「死なない生き物」も見つかりました。ベニクラゲというクラゲは死にません。死なない生き物がいるということは、生命は死なないようにもできる、ということなんですね。先ほども言いましたように、細胞の研究をしていれば当然、予想されることです。なので、なぜ他の生き物は死ぬようになったかというと、おそらくその方が進化上、有利だったからでしょう。階層の上では個体よりも種の階層が優先されます。種を存続させるために個体は死んだ方が良かった。すべてが生き残るという集団を考えてみてください。あっという間に食糧難に襲われますし、子供を作らなくなりますので均一な集団になり、環境の変化や外敵に弱くなります。そして、子供を作らなくなると進化しなくなります。そうして外敵にやっつけられるというような状態があったと想像されます。老化も同じく、年寄りという弱い個体がいた方が幼い子供を守るのには良かった、そのように考える人たちもいます。

ただ、そういう話になると「やっぱり年寄りは死んだ方がいいんじゃないか」という話がよく出てきて困るんです。けれども、私はそうは考えていません。人間の場合はある段階から意識をもつようになった――これも進化です。そうして科学を手に入れた。今では、お年寄りが子供を守るために外敵に襲われなきゃいけないような状況ではありません。ですので、進化の途中で採用された戦略を、現代を生きるわれわれが採用する必要はない。つまり、最後まで「健康で死ぬ」という状態が作れたら、それがいちばんいいんじゃないかと私は思います。もちろん、これは議論した方がいいと思います。細胞はもともと死なないようにできるし、例えば寿命も一五〇年ぐらいなら私は達成できると思っているんですが、そうしたことがいいのかどうかとか、いろんなことを議論すべきじゃないかなというふうに思っております。

まだまだスライドもあるんですけども、もう時間も過ぎていますので、このあたりで私の話を区切りたいと思います。どうもありがとうございました。[*6]

＊6　吉森注――この講演の後に進化学者の方から，現在の進化学では老化や死が進化上有利だったとは考えないと教えて頂きました。仮にそうだとしても、死なない生き物に加えて老化しない生き物も見つかっているので、少なくとも老化や死が避けがたい必然、物理法則ではないことが分かります。

○ディスカッション

吉岡（聞き手） どうもありがとうございました。じつは吉森先生とお話するのは二回目で、今年（二〇二一年）の二月ですかね、舞台芸術関係のイベントでトークをしました。そのときのテーマは、「無駄の研究」というものです。なぜ吉森先生と僕が「無駄の研究」について語るのか。まったく分野は違うんですが、おそらく後から考えてみたら、やっぱり無駄に対する感性のようなものが共通してるかな、と思ったんです。今思い出すと、あの話の最後の方にですね、無駄にもいろいろあるんじゃないかというお話をしました。例えば、無駄に見えていても後々、それが非常に有用であるとわかる無駄もある。だから無駄も大事にしなきゃいけないんだということは比較的わかりやすいし、社会的にも通りがいいので多くの人が納得する。けれども、それは無駄の研究の入門編で、僕らが本当にしたかった話は無駄の「奥の院」というか……（笑）。ようするに、やがて役立つ（かもしれない）から現在の無駄を許容するみたいな「邪念」をともなわない、とにかく、ただひたすらに無駄なこと、「邪念のない無駄」について語りたいということでした。

今日のお話でいうと、一九九〇年代まではオートファジーといったことを細胞がやってるんじゃないかという予感がなんとなくあったけれど、でも、そんなことを研究してどうなるんだという雰囲気が世間にはあった。これがその時点ではまさに「奥の院」ですよね。ところが後半の話を聞いていると、おそらく多くの人はもう身を乗り出して聞いてたと思うんですけど、「オートファジー、めちゃくちゃ役立つじゃないか」みたいな（笑）、そういった世界でした。老化を防止する、病気を防止する、美容に役立つとか、すごく希望をもたせてくれるようなことばかりでしたね。

図5 吉岡洋氏

僕も吉森さんの本を読ませていただきましたが、現在とくにコロナ禍において、多くの人が毎日のように、それまではあまり考えたことも聞いたこともなかったような生物学系の用語をニュースとかで耳にして気になるわけです。だけど、それらを正しく理解してるかというと、ほとんどの人はなかなか理解していない。ただ、毎日のように騒がれるので見慣れているというのが実情で、なんだかわかったような気になっている。医学や生物学の用語について「あれのことか」となるけれど、本当のところはぜんぜんわからない。

この本〔前出、吉森保『LIFE SCIENCE——長生きせざるをえない時代の生命科学講義』〕がすごく優れているなと僕が思ったのは、たんなる教養書や啓蒙書というだけではなくて、非常に複雑なことを説明した後に「名前は覚えなくていいです」と書いてあるんです（笑）。これが何回も繰り返されるんですけども、「ああ、名前を覚えなくていいのか」とすごく安心するんですね。なんとなく、そういうことがあったということをまず覚えてくれればいいという。これはすごく正しいことだと思うんですよ。なぜかというと、どんな専門領域のことを一般の人に説明するにも、名前というものがある種の「磁力」を持つというか、なんだかその名前を知っていることで何かわかったような気にさせられてしまうようなところがある。そのことを意識的に、そうはならないようにするというこの本、ぜひ多くの方々に読んでいただきたいと思います。なかにはオートファジーのことだけではなく、オートファジーを理解するための生物や細胞についての基本的な知識がコンパクトに紹介されていて、非常に良い本だなと思いました。

記号学会の今大会では、「「生命」を問いなおす」というテーマで吉森先生をお呼びしたんですが、生命を問いなおすということはつまり、問いなおされなければならないような従来の生命観、われわれが囚われているような生命観を反省するという意味が込められています。では、その従来のわれわれが囚われている生命観とは何だろうと考えてみると、これは例えば「生と死」を単純に対立させるような考え方ですね。ようするに、生きるということは死や死のリスクを避けて、ひたすら生を求めて、一方向にだけ進んでいくといったような考え方、そうしたイメージがすごく強いので、そうなると一種の競争です。なるべくそれに成功した人が勝ち残るというところに導かれやすい。けれども、こういう細胞の働きについてお話を聞いていると、そんな単純なことではなくて、生命というのは常に自分自身を壊すという、そして自分自身を食べる、あるいは自分自身を壊して作り直すという、ある意味では自分の一部をたえず殺しているという、そういった死を内部に含み込むことによって進行していることがわかる。そのようなヒントがみえてくると、たんに生物学についての知識を深めるというだけじゃなく、生きるために自分自身を壊すということは、社会的な文脈とか個人の人生とか、なんだかまったく別のことに照らしてみても示唆的に聞こえるんです。

死についてもやっぱり同じで、なんとなく「命あるものは必ず死ぬ」というじゃないですか。でも最後のお話にあったように、死なない生き物が実際にいるんですね。ヒーラ細胞であれば人為的かつ意図的に生かしつづけているわけだけど、自然界にも「死なない生き物」がいる。そうすると「死」というのが生命にとって必然ではなく、何かの理由でプログラムされているというか、死んだ方が何かのためになる。そのことが自分のためにはならないけれど、個体より上の階層、つまりは「種」のような階層において適応するように機能していたというお話がありました。

どうなんでしょうかね。個体の死が種の存続ために必要だということは、解釈の仕方によっては政治的に危険な含意ももちますね。やはり種という上の階層を持ち出す、というところです。近代的なヒューマニズムというものは、人間の個人としての自由とか個体の存続ということを中心に考えるので、上の階層集団の利益のために自分が死ぬということに抵抗を感じる人もいます。人類なんてどうでもいいからオレは生きたい、と。これについては、生物学者の目から見てどうなんでしょうか。

吉森　はい。おっしゃるとおりで、まず生命を捉えなおすという意味では、われわれがもってる生命観はやはり変わっています。それは簡単にいってしまうと、「生命は儚《はかな》くない」ということですね。命は儚い、命は脆《あやう》い、すぐ壊れてしまう、すぐ死んじゃうといったイメージがあるんですが、システムとしてはものすごい強靭で、「ロバストネス」(robustness)といいますか、ものすごく頑強なんです。このシステムは何億年もつづいていて、そんなにつづいてるものは他になかなかないわけです。この後、どれぐらいつづくかはわからないですし、星ごと滅びるということもあるかもしれませんが、宇宙の中に他にもし生命があればどこかで生き延びるでしょうから、非常に強靭であるというのがわれわれのもつ生命観ですね。

それと吉岡先生がおっしゃったように、死ぬということは獲得されたものであり、そうすると年寄りは死んだ方がいいんじゃないかという議論に必ずなると思うんです。だけど、私もそれは非常に危険だと思っています。今までにもそういった例があり、有名なのが「優生学」ですね。優生学はまったく間違った学問でしたが、ナチスが採用した学問です。ですので、科学もしばしば間違うわけですが、そういう方向に行くと困るな、ということは強く思います。

それぞれ個人的な見解がいろいろあるとは思いますけど、私の立場は先ほど申し上げたように、人間は知性を手に入れたので、かつて採っていた進化上の戦略を採択する必要はもうなくなっていると思います。ちなみにですね、老化しない生き物はもういくつも知られています。ハダカデバネズミとかアホウドリであるとかは老化しません。どういうことかというと、若いときの見た目のまま変わらず、最後に寿命がくるとパタンと死ぬんですね。いわゆる「ピンピンコロリ」というやつで、そういう生き物もいるので「老化しなくてもいい」わけです。ところが老化をする生き物は人間も含めて存在するわけで、これも進化上の戦略であったんじゃないかといわれています。ですが、その戦略が有効であったところを人間はもう通り越してしまっています。だいたいウイルスとかはいるにせよ、もう「天敵」がいませんから。

もう一つ、そもそも知性や科学技術を使って延命したりすること自体に反対する人たちもたくさんいらっしゃいます。それはある意味では自然な感情なんですけど、私はそうした人為的な介入も進化の一つの過程だと思っています。つまり、知性が手に入ったのは進化によって、それも自然に起こったわけです。その知性によってわれわれは科学を作ったので、それも自然に反することではないと私は思います。これは非常に見解のわかれるところで、研究者でもそう考えない人もたくさんいらっしゃると思いますが、私はそう思っているので積極的な介入を考える方です。ただですね、闇雲に介入すると、例えば「クローン人間を作る」とかいったことになってしまう。先ほどの本を書いた理由の一つが、やっぱり一般の人にもある程度の科学リテラシーは必要だとすごく思うんです。それは科学用語を知ってくれということじゃなくて、その考え方、それから技術がどこまできているのかを理解することが重要だということです。というのは、一般の人も一緒に議論しないともう間に合わないんですね。だいたい科学者だけに任せておいたらロクなことがない、大勢で議論した方がいいに決まっている。けれども、ある程度は知識がないと議論の場に立てませんので、そのために、ああいった本を書いてみたんです。

例えば、「ゲノム編集技術」がノーベル賞を取りましたけど、あれはじつは革命的な技術でして、簡単に人間の遺伝子を変えられるようになりました。[*7] すると「デザイナーズベイビー」という

＊7　CRISPR-Cas9と呼ばれる、従来の遺伝子組換えの精度を大幅に改善した技術が、二〇二〇年のノーベル化学賞を受賞した。

言葉があるんですけど、そういうものがすでに可能です。となると、これからはどんどん人間が変わっていく可能性があり、それをどこまで許すのかというのは非常に大きな問題です。なので、私は科学を無批判に使うのは駄目ですけど、だけど一切使わない、それは自然に反することだからやらないということでもない、というふうに思っております。説明がこれでいいのかどうか、ちょっとわからないですけども。

吉岡　いえ、すごく共感しました。今まで科学のリテラシーをもっと高めようとすると、学校のように割と上から、今こういうふうになっているから憶えなさいということが多かったんですけど、そういう対応とは違うということですね。科学的な思考をひろめた方がいいと言われましたが、これは生物学や生命科学だけのことではない。例えば、僕らが日々、ニュースとか新聞とかテレビとかで目にしているものは、マスメディアをつうじて翻訳された情報なので、例えばグラフを見せられて、ほら、こんなところに因果関係がありますみたいな説明がなされると、そうなのかと思ってしまう。おそらく、そういうところに登場する研究者たち自身は、人を騙してやろうとは微塵も思ってない。けれども、ある仕方でその発言とかいろんなものが切り取られると――これはどちらかというとこちら側、つまり記号学の領分ですが――、まったく正反対のメッセージとして解釈されてしまう、ということがよく起こると思います。だから吉森先生の態度はすごく貴重なものだと思いますし、もっといろんな場所でご発言いただきたいと思います。

文明も自然の一部であるという点も、非常にラディカルだと思います。これはある意味では、人間が手にしてしまった科学技術を使用すべきか、それとも使用してはならないかという倫理的な判断をするときに、「どうせ自然の一部なんだから、ほっときゃいい」というね……（笑）。僕にもそういう感覚があって、今のように情報が溢れ返っている社会で、すべてのことについてどうすべきか判断を常に迫られると、やっぱりしんどくてやってられないというところもある。ですので、一面ではそういうふうにみることが大事だなと思いました。

　生き物や細胞というのは本来、とてもロバストで死なないというお話も、やっぱり従来の生命観や常識に反しているのだと思います。つまり、皆が「命は儚い」と思ってるわけですが、それが儚くないというんですから。ようするに命は本来、放っておけば存続するものだ、と。でも、今はこのオートファジーだけではなくて、いろんなかたちで延命というか、永遠の生命を得るみたいな話があるじゃないですか。老化は病気だという人もいて、病気だから治療できるといったりする。それから今、割とよく騒がれている「シンギュラリティ」のように、これは生命じゃないけど、人間の精神だけを機械の中で生かしつづけるみたいな想像もある。これは昔だったらSFの中だけであったのが、最近では一般に、そういうことが現実の問題として議論されたりしている。それにしても、どうしてそんなにまでして生きたいんでしょうかね。

吉森　そうですね。それこそ『Arc アーク』*8というSF作品があって、人類史上、はじめて不死になった女性の話が出てきます。もちろんSFであり、ネタバレになるので最後はいいませんが、不死っていいのかなと思う。僕は、むしろ不死は嫌かな……。元気で長生きしたいけど不死は嫌だなとか、まあいろいろあるとは思うんですけども……。

吉岡　そうしたものを文化的な違いだという人もいますね。たしかにプロテスタントの北米圏では、不死への欲求は強いような気がする。クローン羊の「ドリー」が発表されたときも、アメリカの大金持ちからいくら金がかかってもいいから、何としても自分のクローンを作ってくれ、というような依頼があったらしい。クローンを作ったってそれは、自分が不死になるわけじゃないと思うけど……。一方で僕らの世代は、子供のときに手塚治虫の『火の鳥　未来編』を読んでいるから、

***8**　原作はケン・リュウの短編「円弧《アーク》」（『もののあはれ』ケン・リュウ短編傑作集2、古沢嘉通編訳、ハヤカワ文庫、二〇一七年所収）。後に『Arc アーク』（石川慶監督、二〇二一年）として映画化された。

あの中で主人公のマサトが不死の身体にされて、核戦争で滅んだ地球から何億年もかかってもう一回人間が進化するまで見届けなさい、というお話を読んで、不死がどれだけしんどいものかというのを身に染みて知っているので……（笑）。

吉森　それは一緒です（笑）。

吉岡　では、このあたりで会場の方から、いろいろ質問とかコメントをいただいて、議論をひろげていこうと思います。

質問者1　最後に吉岡先生とお話されていたように、いわゆる文明とか人間の知性とか、人為的なものも自然的な進化の中に取り入れて考える、または、一般の人にも科学リテラシーが必要で議論をしていく必要があるからだ、というお話がありました。それも自然の過程の中に入るというふうに考えたとき、その議論のために必要な要素はコミュニケーションであり、言語だということになりますね。生化学的にいえば細胞やタンパク質があり、という話になると思うんですが、その一方で、そうした議論を支えている言語や意識といったものを、生物学者としてはどういうふうに捉えられるのかというのをお聞きしてみたいです。

吉森　捉えられるというか、むしろそれは捉えられないんですね。われわれの科学は、かなり物質論に偏りすぎていて還元論的なんです。なので、その反省からいろんな新しい理論が出てきてますけど、われわれの生命科学はまだまだそういうところまで至っていない。ただ流れとしては、例えば「体力」とか「体質」とか「免疫力」とかいったような、今までだと「非科学的」だと言われるようなものを何とか捉えようとするような流れも登場してきている。還元論的では駄目で、総体として捉えるということですよね。新しい技術が今どんどん出てきてるので、そういうことが可能になりつつあるんですけども、今ようやくそのような流れがはじまりつつあるところです。例えば、ニューラルネットワークの問題を研究している人もたくさんいるんですけど、生物学は物質科学として、まだまだそこまでは至っていない。いつかはそこまで、という野望はもってはいるんですけども。

質問者1　まったく違う世界なんでしょうか。それとも何か接点みたいなものはあるのでしょうか。

吉森　先ほどお話しした階層の問題だと思います。〔細胞より〕上の部分を細かく言うとですね、ニューラルネットワークなんかが入ってくると思います。それから個体間のコミュニケーションであるとか、ここに来られている皆さんの範疇も生物学的にはある階層に属しているので、まったく別物ではないです。その背景には、タンパク質が必ずある。だけども結局、われわれのサイエンスとしてのレベルがそれを説明できるところまでは届いていない、説明する術をもっていないというところですかね。必ず関連があると信じていますし、独立して魂があるとかそういうことはない。ただし結局、階層が変わると説明ができなくなっていく。そこが生物の難しいところだと思いますけど、それがまた生命を複雑かつ素晴らしいものにしているんだとも思います。

質問者2　大変興味深く伺いました。非常に印象的なものに「生物はロバストである」とのお話がありました。これはまったくそのとおりだと思うんです。私の専門の哲学や人文科学全般もそうですが、やっぱり「生命は儚い」と言いたがるんですよね。そうした言説の方が支配的で、だけど自然界でみれば、生命は氷河期があっても生き残るし、津波があったり大火山があったりしても生き残っている。生命が強いというのは本当にそのとおりだと思いました。

とは言いながら、そこで哲学的な問いとして気になるのは、「人間」が死ぬということと「私」が死ぬということが、必然なのか偶然なのかという問いが残っているとも思うんです。進化史的にいえば、多様性を維持するためにわれわれは死ななければいけないという、ある種のロジックを獲得したのではないかというお話も、すごくよくわかる。また階層の話であれば、たしかに細胞が壊れてしまえば個体は死に、個体が全滅すれば種は死にます。だけど死ということを考えるときに、私が死ぬとか個体が死ぬということと、細胞のどこかが壊死するとかいうことは、やっぱり次元がちょっと飛ぶんですよね。また人類なんて生物種だから、どこかできっと滅びていなくなるのも当たり前じゃないかと考えたりもするんですけれど、そうして「種」が死ぬということは「個体」の死から次元が飛びますよね。「細胞」が死ぬという次元と「個体」である私が死ぬという次元、さらに上の階層の「種」も絶滅するだろうという次元、この点についてどうお考えになられますか。

吉森　結局、進化の過程で生き残るためにおそらく死を選んだ。進化上、選んだというのは意識的に選んだんじゃなくて、無意識に選んでしまったわけです。そのあいだに生き延びた人間がさらに進化して知性を手に入れて「自我」を手に入れたわけですよね。そして、その自我が問題ですよね。個体識別というか、だいたい自分を外界と区別できるのはたぶん、人間だけだと思うんですけども、その時点で進化の次の段階です。だから、われわれ生物学者にとっても全然違うわけではなくて、やっぱり生物の進化の延長線上にあると思います。だけども、それまでの段階とは明らかに違うわけです。

　ここからはもうSFの世界ですけど、技術的にはもしかしたら不死が手に入るかもしれないという状態、誰もが死ななくなった世界が訪れたとすると、ここからは私の妄想なんですけど、たぶん死を選ぶんじゃないでしょうかね……。人類は技術的には死ななくなったけど、哲学的にはみんな死を選ぶように今度はなってくる。

質問者2　よくわかります。みんな今は一〇〇歳ぐらいまで生きる可能性が高いわけですが、それで楽しいかという問題だと思います。また別の話ですが、科学技術とかが生命を延ばしてしまうことと、本当は人間の幸福とか、そういうことにも関係すると思います。どうもありがとうございます。

質問者3　ありがとうございました。お話を聞きながら、以前にベニクラゲを水族館で見たのを思い出しました。これは不死というか、もういちど若返って生き返るという、いわゆる不死みたいな存在の生物です。*9 ただ先ほどおっしゃっていたように、種は死ななくなったら子供を産まなくなるし、そこで進化というものも阻害されてしまう。では、そのベニクラゲが若返りによる循環を繰り返していることの不都合や不利益といったものはないんでしょうか。

吉森　ですから、ベニクラゲは世界制覇できなかったわけです。だけど、逆にいうと世界制覇が幸せで、世界制覇をする必要があるのか。

質問者3　世界制覇というのは、進化において何を意味するのでしょうか。

吉森　つまり、人間のようになることです。人間は進化して他のものを滅ぼしながら、自分たちが蔓延《はびこ》っているわけです。生物も結局のところ、生存競争の中ではゲーム理論みたいな感じですよね、そういうふうにいちど、競争がはじまってしまうと離脱できない。とことん戦い抜くしかないので、どんどん進化してこのようになり、人間は知性も手に入れた。ベニクラゲはそれを放棄して、ひっそり生きる方を選んだ。じっさい、ひっそり生きてます。つまりはやられてしまわないようにあまり増えず、海底の一部でこっそり生きているんです。

だけど、それは不幸とも言えないですよね。だから私が先ほど申し上げたように、人間も不死を手に入れるかもしれないけども、それはそれでひっそり生きればいいのかもしれない（笑）。ベニクラゲが幸せかどうかはなかなかわからないですが、逆にいうと、人間も死なないことを幸せだと

*9　ベニクラゲは一定の成熟を果たした後に未成熟の状態に戻るとされる。

思わないのであれば、死ぬんじゃないでしょうか。そこが二番目の死かなと思います。つまり、「知性が獲得する死」といったかたちで、全員が死を選ぶようになるかもしれない。まあ、勝手な想像ですが。

吉岡　もし死なない社会ができたらどうなるか、ということを僕も過去に空想したことがあるんです。たしかに吉森先生もおっしゃるように、むしろ死を選ぶんじゃないかということも考えた。けれど、もう一つ考えたのは、そんなことになったら死が怖くてしょうがなくなるんじゃないかとも思う。つまり、加齢では死なないけど、事故だったら死ぬわけでしょう。どちらも死としては同じじゃないですか。すると、ちょっとした怪我をしただけで、バラの棘で死んだリルケみたいに、これで自分は死ぬんじゃないかという観念にとらわれて、めちゃくちゃ怖いんじゃないでしょうか。それも嫌だなと……（笑）。

吉森　そうですね、そう思いますね。

質問者4　大変面白く、ご著作もすでに面白く読ませていただきました。今の死の話につづけていうと、細胞のレベルでも何種類かの死があり、今日説明されたオートファジー以外にも、「アポトーシス」や「ネクローシス」もある。*10 今回のように生命について議論できるとしたら、そこで捉えられる「死」自体も変わってくるのかな、とも考えました。つまり、決して生命に属さない死みたいなもの、これもまあ「SF的」ですけど。

二つ目は、もし死なないとなると「時間」概念や生きているリズムというのは一体どうなるんだろう、ということです。つまり生きているということ自体が変わってしまうのではないか。そのあたりについてお聞かせてください。

吉森　アポトーシスやネクローシスは細胞死で、オートファジーはどちらかというと生かすための

＊10　細胞死のうち、アポトーシスは遺伝子によりプログラムされたもの、ネクローシスは偶発的な壊死として区別される。

破壊なんですね。アポトーシスは階層が違うんです。オートファジーは細胞内での「部分的な死」みたいな感じなんですけど、アポトーシスは「細胞の死」です。オートファジーによる破壊が細胞を存続させるためになされるのに対して、アポトーシスは組織を存続させるための自殺なんです。この話をすると、また「集団のために犠牲になるべきだ」っていう話が出てきて嫌いなんですけど、一部の細胞が自分で死ぬことで全体を救う、それもプログラムされています。ただ、その細胞のレベルだと悲壮感とかはないわけですね。みんなのために死ぬとか思ってないわけです。「プログラム細胞死」とも言いますが、それがあるために組織が恒常性を維持できています。例えば、有名なのは「水かき」ですね。人間の場合、胎児のときには水かきがあるんですけど、この水かきのあいだの細胞は細胞死で除去されます。というように全体のために死ぬんですが、それをまたあまり擬人化しないでいただきたいんですね。そんなに悲壮感をもって死んでいるわけではないですし、そのことが意味するのは、個人は集団のために死なきゃいけないという話ではないと思います。

後のお話は、そうですね、死ななくなったら時間の概念が大きくが変わるでしょうね。哲学的な意味合いでは、先ほど言われたように、逆に死ぬのがすごい怖くなったりするかもしれないし、そもそも心が精神的に耐えられるかどうかも、なんだか全員がうつ病になるような気もします。認知症がすごく問題になっていますけど、その一方で、変な言い方なんですが「幸せ」でもあるんですよね。死の間際まで老化しないハダカデバネズミやアホウドリが幸せなのかどうか、ちょっとよくわからないところもありますが、死ぬ間際までものすごく意識がはっきりしていながら「明日、死ぬかもしれない」という状態なわけですから。いろんな意味で、老化しないことや死なないことというのは、精神論的に大きな影響を与えるんじゃないかと思いますね。

吉岡　記号学会第四一回大会の第一日目は、生物学者の吉森先生をお迎えしました。記号学会は哲学や人文学、いわば文系のバックグラウンドをもつ人が多いんですけども、そういうところで科学の話をしてもらうと、なかなか話がかみ合わなかったりする。例えば「死」という同じ言葉を使っていても、生物学者の立場からの死とは、先ほどの動的平衡を実現する物質の流れがなくなるということを意味している。けれども哲学者にとってはやはり、私の存在とか個的なものとか、実存的な意味合いでの死というのがあり、どうしてもそこで食い違いが起こってしまう。ただ、僕もいろんな分野の人と対話してきましたけど、あんまりその定義を厳密に共有してからやりましょうって対話を始めるとね、何も面白くないんですね（笑）。

吉森　そうですね（笑）。

吉岡　だから、こういう場を提供することは非常に良いことだと僕は思うし、記号学会のような、おそらく普段はぜんぜん来られないような場にあえて足を運んで頂いた吉森先生に感謝したいと思います。どうもありがとうございました。

吉森　私もすごい勉強になりました。ありがとうございます。（了）

変異するテクノロジーとアート——エキソニモを迎えて*1

エキソニモ×廣田ふみ（聞き手）

廣田　本日は「変異するテクノロジーとアート」ということで、エキソニモさんにニューヨークからオンラインで繋いでいただいております。昨日のセッション1からつづくかたちになりますが、本セッションでは「テクノロジーとアート」が生命を維持し、進化するためにどのような「変異」をしているのかという点について、おもにメディアアートやネットアートの視点からお話をうかがいます。

　エキソニモさんのご紹介からはじめますと、私が最初に出会ったのは一五年前、ＩＡＭＡＳ（情報科学芸術大学院大学）の研究室で、学生が参加した「MobLab」という企画*2だったかと思います。その後、私自身が異動した山口情報芸術センターでも、エキソニモさんの作品展示や展覧会をする機会が数多くありました。また文化庁に在職していたときには、エキソニモさんが参加しているＩＤＰＷ*3の作品《どうでもいいね》が、二〇一二年の文化庁メディア芸術祭エンターテイメント部門で新人賞を獲得するということもありました。最近では二〇一八年、私が在籍していた国際交流基金がインドネシアで開催した展覧会でも、エキソニモさんにはニューヨークからデータを送ってくださり、現地で展示をしたこともありました*4。そのときのキュレーターは私ではなくインドネシアのリアル・リザルディという方でしたが、ここでもやはり、現在のネットワークにおけるアーティストの実践を紹介しようとする狙いがあり

＊1　以下は、日本記号学会第四一回大会セッション2の講演内容から、その後に編集を加えたものである。セッションの詳細は以下のとおり。
　日本記号学会第四一回大会「自然と文化のあいだ——「生命」を問いなおす vol.2」
　日時：二〇二一年一一月二八日（日）10時00分～12時00分
　会場：九州大学大橋キャンパス・オンライン
　セッション2「変異するテクノロジーとアート——エキソニモを迎えて」

ました。

ところで、ご講演の前に皆さんにエキソニモさんの作品《Realm》（二〇二〇年）を実際に体験して頂きたいと思います（図1）。とくに今日はオンラインから参加されている方もおられるので、ぜひスマホでこのQRコードを読み取ってアクセスしてください。[*5] これは会場のスクリーンに投影している画面と連動していまして、スマホで触れた指紋がこちら側で見えるようになります。皆さんの指紋が白いオブジェとして、こちらのデスクトップ画面に現れるということです。その下には「You can't touch there from your desktop」とありますが、スマホで繋いだ画面には「You can't see there from your mobile」と出てくる。つまり「触れることができるこちら側／見ることができないあちら側」ということになります。

これ（図2）はネットアートを図解したものとして有名な図版ですが、一九九七年にアーティストによって提出されたものです。これはネットアートのダイアグラムとして、どこでネットアートが起きるのかを示しています。一九九七年の時点では「The Art Happens Here」と示されているように、異なるインターフェイスを繋ぐ中間でアートが起きるとされていたわけです。けれども、エキソニモさんによる先の作品の場合、それぞれのメディアで見えているものが違う、私たちがインタラクティヴに触れるものも違うし、その見え方もインターフェイスごとに異なります。これによって現在、ネットアートが起こる場所を強く意識することができるんじゃないかと思います。

《Realm》（二〇二〇年）についてはエキソニモさんからも補足していただければと思うんですが、一時間ほどのご講演の後、今日はできればアーティストと研究者を繋ぐディスカッションをしたいと思います。では、よろしくお願いします。

エキソニモ　はい、よろしくお願いします。

千房　先ほどの《Realm》という作品は二〇二〇年の初頭、まさにパンデミックでニューヨークがロックダウンしている最中に制作した作品です。そのときは本当に死者数がうなぎのぼりに増えて

*2　ドイツと日本の若手アーティストによる二〇〇五年のアートプロジェクト。詳細は以下を参照のこと。https://www.iamas.ac.jp/iamasbooks/research-and-activities/moblab/（以下、脚注は編集部による）
*3　「一〇〇年前から続く、インターネット上の秘密結社」を標榜して活動するアーティスト集団、通称「アイパス」。http://www.idpw.org/
*4　「Internet of (No) Things ―― 遍在するネットワークと芸術の介入」、二〇一八年八月一八日―二八日。
*5　https://exonemo.com/realm/

いて、外に出て物に触ることの危険性だったりとか、感染の危険性だったりとかが強く意識された時期でした。近所に巨大な墓地、セメタリーがあり、自然がいっぱいでお墓が並んでいるんですけど、人が少なく安全であるという理由で、私たちも毎日のようにそこを散歩して、気晴らしをしていました。そこで撮った写真を《Realm》には使用しています。画面というものはいつもベタベタと触れるし、でも実際のところ、データに触っているか否かという部分はイメージの世界でしかない。そのイメージに触ったときに指紋が現れて、ネットワーク上でいろんな人と重なり合ったりする。これは当時の、触れることに対する恐怖感をベースにした作品なんです。なので、わりとテクノロジーとして先進的なものというよりは、もうちょっと「ポエティックな」ことを目指して作りました。表現としてもわりと控えめなんですけど、詩を聞いてイマジネーションで楽しむみたいな、そうしたことを技術をもちいてできないかと思って制作した作品なんです。

図1 エキソニモ《Realm》(二〇二〇年発表、提供：東京都写真美術館　撮影：丸尾隆一)

ただ、今回のセッションでは「変異」がテーマとして与えられていますので、それを中心に、自分たちの過去の作品をピックアップして話をしてみたいと思います。

ネットアート作品の変異

赤岩　「変異するテクノロジーとアート」というセッションのお題で、今回のオーディエンスの方々がどの程度メディアアートに触れているかはちょっとわからないんですが、私たちは「インターネットアート」や「ネットアート」[*6]と呼ばれるものから出発しています。今ではいろんなメディアも使うので「メディアアーティスト」と名乗っていますが、メディアアートというジャンルによくみられる特徴として、近年ないし最新のメディアテクノロジーを使ったものが多い傾向にあります。アートの歴史のなかでは新しいものですので、本流からはちょっとずれているところもあると思います。でも、「アート」という言葉そのものは、もともとギリシャ語では「技術」という意

***6**　「ネットアート」(net.art) はインターネットを支持体として利用したジャンル、狭義には一九九四年以降のブラウザ上での経験などからインターネットの構造そのものに批判的な傾向が強い作品を指す。

味も含まれていたし、そこからアートとテクノロジーという二つの言葉にわかれていった経緯がある。メディアアートをその「アート」と「テクノロジー」を接続したものだと捉えると、本来のアートにも近いというか、それを引き継いだものになると思ったりもします。

そのメディアアートにとって課題の一つ、最近よく指摘される問題として「保存が難しい」という点があります。美術館などの視点から考えると、作品そのものやその文脈を後世に伝えていくという大事な役割から、旧来の彫刻とか絵画といった比較的安定したメディアを使う作品の場合、保存方法はある程度すでに確立されていると思うんです。けれどもメディアアートのように、コンピュータやインターネットなど、不安定な環境をメディアにしている作品は保存が難しいという特徴があります。そうした問題点はありつつも、作品をそのまま保存したいという美術館の狙いとは別に、制作者が作品を後世に伝えるという意味で何か別の可能性もあるのではないかと思います。

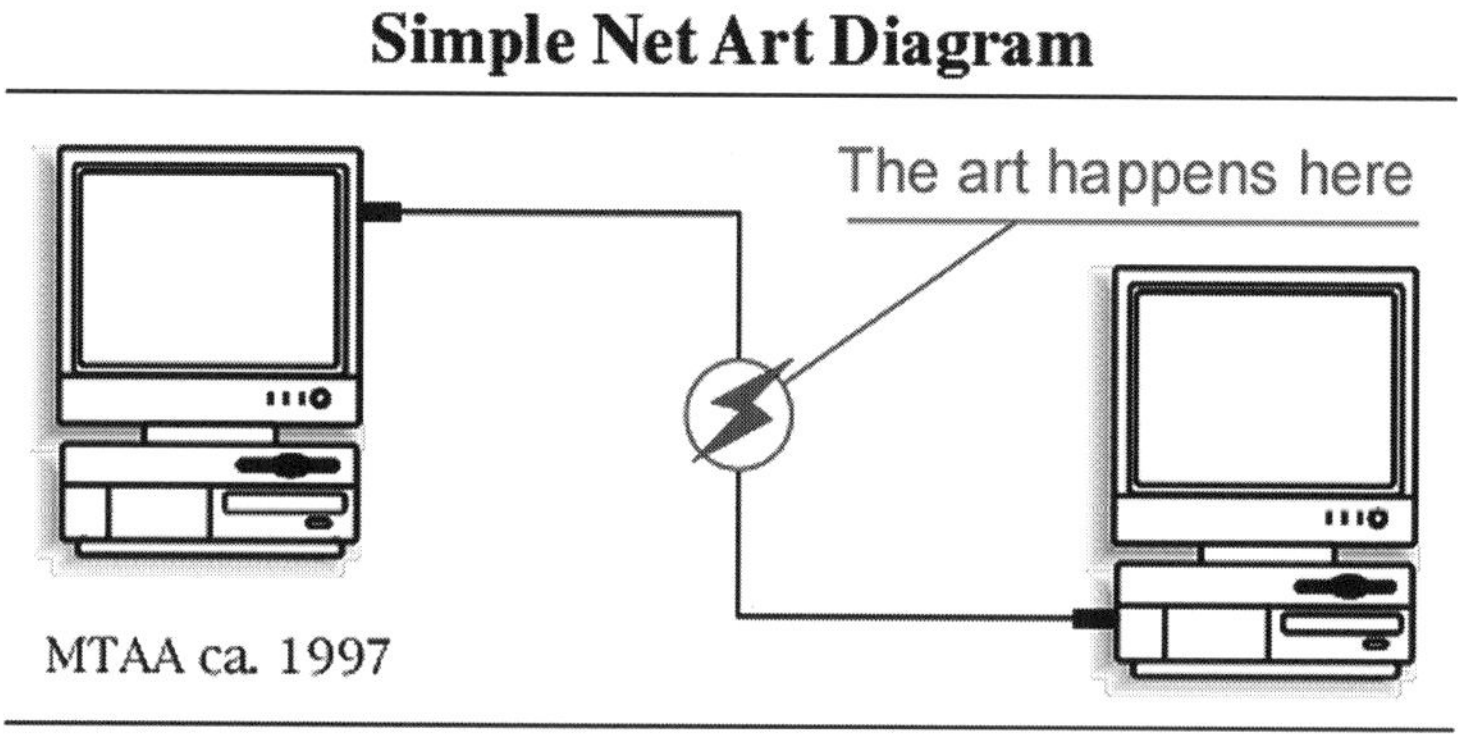

図2　MTAA, Simple Net Art Diagram, ca. 1997.（https://commons.wikimedia.org/wiki/File:Simple_Net_Art_Diagram.gif）

今回は「変異」という言葉から考えてみます。現在（二〇二一年一一月時点）のところ「変異」といえば、ニューヨークはとくに新型コロナの影響が大きい街でして、続々と「変異」株が登場しています。アルファ株からデルタ株、これがニューヨークでもすごく流行っている。どんどん変化していくウイルスの変異が身近にあり、そのウイルスに翻弄されている時代だといえます。ウイルスは変異することで今も生き残っている。では、メディアアートも変異することで生き残りうるのか、という視点から考えてみました。自分たちの作品に関して「変異」というものがどういった状態で起きるのか否かということから、三つの大きなテーマがみえてきました。一つはその「作品自体の変異」、もう一つは「環境の変化」、そしてもう一つは「再制作の段階での変異」が起きているのではないかと思います。

　まずは「作品自体の変異」についてです。一つは体験者の介入、体験者が作品に入ってくることで変異するというのが、私たちの作品の傾向としてあります。この《KAO》は初期の作品です（図3）。〔スライドで動画を再生しつつ〕私たちは一九九六年から活動をはじめたんですけど、本当に初期の「ネットアート」といえる作品です——といっても、このときはまだネットアートを意識してはいなかったんですけどね。これはアクセスしてきた人がまず、ウェブ上にある顔をエディットする。サーバーに送信すると、前の人が作った顔と、自分が送った顔の特徴の遺伝した子供の顔が誕生します。また次の人が編集して送信すると、その顔とのあいだに新しい子供が生まれ、一つの顔から遺伝した顔がどんどん変化していくというものです。

図3　エキソニモ《KAO》（一九九六年発表、ただし以下の作品図版はすべて二〇二〇年に東京都写真美術館で再展示されたヴァージョンとなる、提供：東京都写真美術館　撮影：丸尾隆一）

千房　まさに生命が遺伝していく、みたいなことがモチーフになっているわけですね。

赤岩　そうですね。つぎもわりと初期のネット上での作品で、《DUB & PASTE》（一九九八年）という作品です。「コピー」や「複製」がデジタルの特徴であるとして、この作品にはじっさいに「コピー」というコマンドもありますが、コピーではなくて「ダブ」という機能があると面白いんじゃないかというコンセプトから制作されています。「ダブ」というのはまったく同じものを複製するのではなく、微妙に改変された複製が生まれるコマンドです。この作品ではウェブ上の顔をダブルクリックすることにより、顔が少しずつ変わっていきます。それをどんどん変えていくことで、気に入ったものがあったらウェブ上に残す、また、後からきた人がそのオリジナルの顔を誰かが作ったものと合わせたり、どんどん変えていくこともできる。このように何か一つの顔からはじまっていながら、いろんな多様性が生じるような作品です。

千房　背後にあったアイデアとしては、ソフトウェアのヴァージョンアップでのデジタル・コピーの失敗によりヴァリエーションが生まれ、そのなかから新しい「進化」のようなものが見つかるのではないか、まさに「変異していく」ということ自体を、コンピュータのコマンドの中に組み込んだら面白いのではないか、といったことが出発点でした。その意味では、まさにウイルスが変異して環境に適応していく方法といったものが、根底にはアイデアとしてあったんですね。なので、これら二つの作品はその変異性が作品の中に組み込まれているともいえます。作品自体が変化していくというよりも、変異を起こすということが作品の中にあらかじめ組み込まれていて、それが実行されることによってヴァリエーションを体験できるといったコンセプトの作品ですね。

赤岩　ただ、この作品だけでなくメディアアートの作品には、体験者のインプットによってコンピュータが違った結果を生成し、それによってどんどん変化し続けるというものがよくみられます。

図4　エキソニモ《DISCODER》（一九九九年発表、提供：東京都写真美術館　撮影：丸尾隆一）

そういった作品はわりと変異というものを許容するような性質をもっていて、それ自体がメディアアートの傾向ではないかとも思います。この作品自体の変異にとっては「エラー」や「バグ」がキーワードになると思うんですが、これに関連していうと、ネット上で体験する《DISCODER》という一九九九年の作品があります（図４）。これはブラウザ、というよりもブラウザ的なソフトウェアを作ってみたんですが、ウェブページを読み込むとじっさいにウェブページが表示される。ただ、その後にキーを打てば打つほど、そのウェブページが壊れていくという仕掛けの作品です。

この作品のベースにあるアイデアですが、じつは私たちは二人とも、ウェブページを制作する会社でアルバイトをしていたんです。学校を卒業した後ぐらい、ちょうどＨＴＭＬのコードを手打ちする時代だったので、どんどん打たなくてはいけない。ただ、ちょっとの打ち間違えや数字の入れ間違いでガラッと見た目や表示が変わってしまう。それが意図していたものよりもかっこいいというか、その意外性が面白かったということを体験していました。《DISCODER》は、そのときに私たちが感じた「エラー」や「バグ」の面白さを体験できるような作品として作ったものです。

千房　ウェブページを読み込んだ後にキーボードを入力すると、画面上部からアニメーションで文字が落ちてくるんですが、それが直接、そのページのＨＴＭＬのソースコードの中にランダムに入り込んでいく。するとＨＴＭＬの中でバグが発生して、ブラウザがバグを解釈しなくてはならない。例えば、ある命令が欠如したらそこの部分がパッと消えたり、あとは画像のサイズの指定のとこに大きな数字が入って画像がバーンと伸びたり、そうした予測できないことがプログラムのバグによって起きる。普通はバグをなくしていく方向でソフトウェアの完成度を高めると思うんですが、この場合には、バグ自体をエンターテイメントとして楽しむことが軸となっています。

赤岩　《ZZZZZZZZapp》という二〇〇四年に作った作品にも似たところがあります。その頃はすごいスパムメールが届く時代で、それに画像が添付されていたりリンク先に行くと画像があったりといった具合に、とにかくスパムメールの嵐でした。それらを何とか面白くできないかというところから、スパムメールの画像データをグリッチ[*7]させてまったく違うものに変え、それも日々変わっていくように自動生成する作品を制作したんです。先ほど話したように、エラーやバグは「ネガティヴな」ものですが、それをあえて取り込んで楽しんでみるといった作品です。

千房　そうですね。これはサーバー上のプログラムがずっとメールを監視していて、スパム判定されたものから画像を引っ張り出して、それを画面上でグリッチさせて提示する。ですので、それを走らせているあいだ、新しいスパムメールが届くたびにどんどん表情が変わることになります。映像をちょっとお見せしますけど、音もグリッチして生成させるのですごいノイズが鳴るんです。ちょっと再生しますね〔動画とともに音声が流れる〕。

＊7　グリッチ（glitch）とは、システムにおける一時的な障害や不具合を指す言葉。特に近年のメディアアートでは、これをコンピュータや電子回路上で意図的に引き起こし、独自の表現を実現した作品を「グリッチアート」とも呼ぶ。

これはテレビ放送を作るというコミッションによるオンライン展示だったので、テレビ放送として流すというコンセプトでした。もちろんスパムメールだけでなく、スパムに判定されたまったくスパムではないメールも混ざっていたりと、そこはまったく予測できないんです。それにスパムメール自体も時代によって、例えばバイアグラ関連のものばかりのときもあれば、それとは違うものがあったりといった具合に、時代とともに変わっていくんです。あと、この作品は当初、「Javaアプレット」で作ったんですけど、現在ではブラウザがJavaをサポートしなくなってしまったので、もう再生できなくなってしまったという状況です。この作品は、今では見ることができないんですね。

コンピュータ／社会環境による変異

赤岩　つぎの点に繋がるんですが、変異のきっかけとなる二点目として「環境の変化」があります。その一つがコンピュータ環境の変化です。先ほどの《ZZZZZZZZapp》で、ブラウザ上での再生がサポートされなくなり、見ることができなくなった事例を紹介しましたが、そうしたことがわりと頻繁に起こるんです。それだけでなく、作品そのものが変わってしまう場合もあります。

　二〇一八年に、自分たちのソフトウェア作品の動作状況がどうなっているか調べてみたんです。オンラインとオフラインの作品があるんですけど、〔グラフを提示しつつ〕オンライン作品のうち真っ黒の部分が三五パーセントぐらい、これはもうどうしても復活できない部分です。濃い緑のところ（四七パーセント）は、ちょっと手を加えれば復活して動かせるかなという部分、そして、明るい緑のところ（一八パーセント）は、今でも動いてるという部分です。オフラインの作品はもう無理だというものが一つもなかった。その当時から状況は変わっているかもしれないですが、これによってオンラインの作品とオフラインの作品の差がみえてきました。

千房　オンライン作品は、外部のＡＰＩ[*8]であると

*8　「Application Programming Interface」の略称、ソフトウェアやプログラムとウェブサービスの間をつなぐ役割を果たす。

通信用カード

■このはがきを，小社への通信または小社刊行書の御注文に御利用下さい。このはがきを御利用になれば，より早く，より確実に御入手できると存じます。
■お名前は早速，読者名簿に登録，折にふれて新刊のお知らせ・配本の御案内などをさしあげたいと存じます。

お読み下さった本の書名

通 信 欄

新規購入申込書 お買いつけの小売書店名を必ず御記入下さい。

(書名)	(定価) ¥	(部数) 部
(書名)	(定価) ¥	(部数) 部

(ふりがな)
ご 氏 名　　　　ご職業　　(　　歳)

〒　　Tel.
ご 住 所

e-mail アドレス

ご指定書店名	取次	この欄は書店又は当社で記入します。
書店の住 所		

郵 便 は が き

恐縮ですが、
切手をお貼り
下さい。

101-0051

（受取人）

東京都千代田区神田神保町三―九

幸保ビル

新曜社営業部行

通

信

欄

か、外部サービスの使用を前提に作品が存在するので、サポートがなくなって完全に後ろ盾がなくなると、もう動かすことができなくなってしまうことがあります。

赤岩　インターネット上の作品はやはり環境やサービスに依存しているので、ウェブサービスが終わってしまうと完全に駄目になったりしますね。

ただ、作品がコンピュータ環境によって変化するということから一つ思い出したことがあります。一九九六年頃から《MosQ 蚊ゲー》という作品、作品というかミニゲームを作ってインターネット上で公開していたんです。これはブーンと飛んでいく蚊になった自分が逃げ回るんですけど、バーンと叩いてくる手から逃げる、という単純なゲームです。だけど、それを作った当時は「コンピュータの動作速度と連動して」ほどよい速さのバランスとかを考えてデザインしていたはずが、何年か経った頃にやってみると、マシンパワーがめちゃくちゃ上がっていて、すごく難易度の高いゲームになっていました（笑）。コンピュータ環境によってゲームのあり方が変わってしまったわけですね。

ちなみに今回、このゲームが現在どうなっているのかと思い、自分たちのハードディスクを探してみたのですが、うまく見つけることができませんでした。「Internet Archive」というサイトに「ウェイバックマシーン」というものがあります。ご存知の方もいるかもしれませんが、ウェブをずっと巡回してページをコピーしてアーカイヴしていくというものです。その「archive.org」で昔のページを探してみたら、いまお話ししたゲームがあったんですね。そのウェブページからリンクした先にちゃんと保存されていて、ソースをたどって表示されるHTMLを確認したら、自分たちが書いたソースがちゃんと埋め込まれていた。すごく懐かしいなと思いながらリンクをクリックすると、当時のShockwave[*9]のファイルがダウンロードできたんです。

Shockwaveは、Adobeが開発元のMacrowaveから引き継いだんですが、二〇一九年にはサポー

＊9　音楽や動画などを再生するプラグイン・ソフトウェア。

トが終了してしまい、プラグインをもう公式には落とすことができない。だから、この作品は公式にはもう見られないということになります。ただしShockwaveのプラグインもネットを探せばあるし、いろんな方法を探ればおそらく動かせるというような状況です。つまり、一見すると「死んだ」ように見える作品も、じつは何かしら復活とか変異の可能性があるということですね。今回なんだかこの「発掘」がとても楽しかったので、まるで考古学のようですね（笑）。自分たち以外の人であれば、こうした探し方しかできないし、ものによっては探しに探せば何かしら繋がってそれを復活させることも可能な状況にある。つまりは「仮死状態」のようになっているわけです。

つぎにコンピュータ環境によって変わるものとして、二〇一〇年にはじめた《ゴットは、存在する》というシリーズをとりあげようと思います（図5）。これは光学式のマウスを二つ重ねると、光の乱反射か何かのせいで、コンピュータに接続していたカーソルが勝手に動き出すという現象をもちいた作品です。これを制作した二〇一〇年当時はまだマウスという装置が身近なものでしたが、しかし今ではインターフェイスがどんどんスマホなどのタッチデバイスに置き換わりつつある。つまり、マウスに対する自分の思い出や体験とかがすごく変わってきたので、作品の見え方がすごく変わってしまったともいえます。この先もマウスは残るかもしれないけど、なくなっていく可能性もあるので、後世の人からするとこの作品はいったい何なんだ、といった感じになる可能性もあるかと思います。

図5 エキソニモ《ゴットは、存在する》（二〇一〇年発表、提供：東京都写真美術館 撮影：丸尾隆一）

千房 「社会環境の変化、文脈の変化」ということで、《The Kiss》という作品もとりあげてみます。これは二〇一九年に「あいちトリエンナーレ」に出品した大きな彫刻作品で、3Dプリントをした手の彫刻とスマホに見立てた大きなモニターが二つ、目をつぶった人の顔を写しており、それがくっつくように向かい合わされている。すると、人がキスしているようにイメージされるわけですが、実際はスクリーンとスクリーンを合わせ

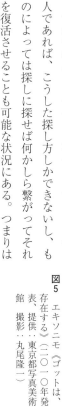

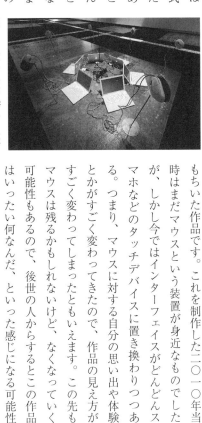

ているだけなので、人が触れ合うということはまったく起きていない。その二面性みたいなところをテーマにして制作した作品です。

これは二〇一九年なのでパンデミック以前の作品ということになりますが、二〇二〇年に東京都写真美術館でエキソニモの個展[*10]があったので、パンデミック後にも展示したんです（図6）。すると、もうまったく見え方が変わってしまったんですよね。コロナ禍のせいで、それこそ本当に人と触れ合うことが危険な状況になってしまい、毎日のようにZoomとかビデオチャットで仕事をしたり、画面越しにコミュニケーションしたりすることが増えていた時期でした。そうしたなかで、作品自体のリアリティがぐっと突き刺さるというか、その角度や深さみたいなものが大きく変わったんです。

赤岩　こういう作品の見え方とかが環境によって変わるとしても、普通はおそらくもう少し速度が遅いと思うんです。ですが、新型コロナのパンデミックというのは、あまりにも影響力が大きな出来事だったので、作品の見え方の変化があっという間に起きてしまった——そのすごくわかりやすい事例だったと思います。

＊10　「UN-DEAD-LINK——インターネットアートへの再接続」東京都写真美術館、二〇二〇年八月一八日〜一〇月一一日。

図6　エキソニモ《The Kiss》（二〇一九年発表、提供：東京都写真美術館　撮影：丸尾隆一）

再制作／再解釈による変異

千房　これら環境の変化とは別に、再制作による作品の変異もあります。その一つとして、僕たち本人のことですが、「作者」による再制作とかヴァージョンアップによって、作品自体が変異することがある。

《FragMental Storm》というソフトウェア作品は、二〇〇〇年に最初のヴァージョンを作りました（図7）。その内容はソフトウェアを立ち上げて、キーワードを入力してインターネットで検索し、見つかった画像やテキストが画面内でリアルタイムかつランダムにカットアップされてコラージュされていく。そしてそれが次から次へとデータをダウンロードしながら変化していくという作品です。一つのブラウザみたいなものなんですが、インターネットを普段とは少し異なる角度から閲覧するということを意図した作品です。

　これを最初に作ったのが二〇〇〇年です。当時はMacromedia の Director で制作し、二〇〇二年にヴァージョンアップしたときも Director を使って表現を変更したりもしました。そしてその後、二〇〇七年にメディア芸術祭で展示したときにはJavaで作りなおしたんですね。そのときにDirectorは、もうAdobeになってたのかな……〔二〇〇五年にMacromediaがAdobeに買収されたことを指す〕。ただ、当時はFlashが全盛でして、AdobeがDirectorのことを完全に見切っていたのか、まったくサポートしなくなっていた。そこで全部、Javaで書き直して作りなおしたんです。その後、二〇〇九年になってスマートフォンがだいぶ普及したときには、iPhone向けにObjective-C[*11]を使ったヴァージョンを作ったりもしました。

　つまり、もともとは一つのアイデアから出発した作品なのですが、コンピュータ環境やインターネット環境の変化を受けてどんどん書き換えが生じ、それによってインスタレーションやソフトウエアのヴァージョンなどが変化していったんです。さらに今の状況でいうと、検索のＡＰＩを昔はGoogleがフリーで提供していたんですけど、もうなくなってしまった。お金を払えば使わせてもらえるんですが、そうしたＡＰＩ自体や状況も変わってきたので、もうこれは今ではまったく動いてません。というわけで、これも「仮死状態」にあるといった印象です。

　先ほども言いましたが二〇二〇年、東京都写真美術館で自分たちの二四年間の活動を総括するような個展を開催しました。それこそ初期の作品から最新の作品まで、二〇点ぐらいをピックアップして展示空間内に展開したんです。すると、やはり作品が動かなくなっていたり、状況によって変化していたりと、それらの再制作や再解釈みたいなことをする必要が生じました。ネット作品のなかにはまったく再現不能な部分もあったので、その解釈について、バッサリと切り捨てるべき部分は切り捨てるという判断をしました。それこそ博

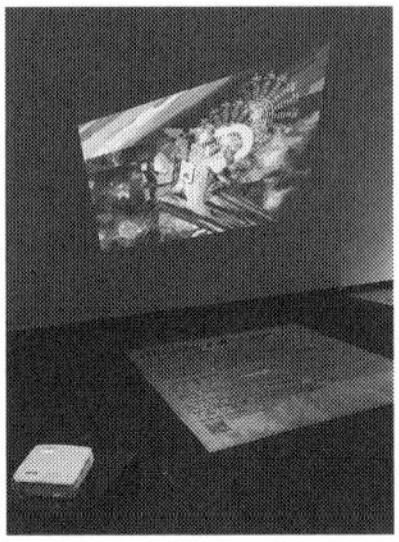
図7　エキソニモ《FragMental Storm》（二〇〇〇年発表、提供：東京都写真美術館　撮影：丸尾隆一）

*11　macOSに標準付属する公式のプログラム言語。

物館のように、当時の文化の一端を提示するというような思い切った解釈で作り直したりもしました。〔展示会場の動画を流しつつ〕例えば入口からみて正面にある作品は、先ほど紹介した《DISCODER》、そして左側で動いているのが《FragMental Storm》という作品です。これらは人が「検索するという動作」をカットしたり、あるいは《KAO》という作品にしても「人が参加するインタラクティヴな部分」を完全にカットして、アニメーションの部分だけ、それもちょっと古いモニターを使ってインスタレーションとして展開したり、まったく別物になるように作り変えたんです。

赤岩　もちろんやろうと思えば、これらの作品を「インタラクティヴ」にすることも可能でした。オンラインで他の人と一緒にはできないにせよ、仮に顔を作ってみるとか、検索した結果で疑似体験のような状況を作ることもできましたが、しかしそれはあえてやりませんでした。つまり、もともとインタラクティヴな作品から、そのインタラクティヴ性をすべてカットすることにしたんです。というのも、それを残してしまったら、行為に対して何が返ってくるかというところが大事になるんですけど、もうそこじゃないなと感じていた。昔の作品から何か漂うものみたいなもの、それを抽出してみせるために、インタラクティヴ性をあえてカットする展示の仕方を工夫しました。

千房　やっぱり、当時の作品が生まれたときの文脈というか、インターネットの熱量みたいなものがあると思うんです。その頃であれば、例えば顔を作って送信して何かが返ってくるということがすごくフレッシュな体験でした。ただおそらく、今ではすでにいろんなものが溢れていて、それこそゲームとかもすごくハイクオリティなものが出てきているなかで、その体験をわざわざさせると逆に劣化して見えてしまうという危険がある。

赤岩　《KAO》なんて、PCで画像一枚を読み込むだけに時間をかけていたような時代に、ほかの誰かと一緒に顔を作り合うというコラボレーションができるだけですごく感動することができた。

その感動はもう生じえないわけで、だったら当時のモニター、分厚いＣＲＴのモニターをもとに「時代感」を伝えた方が面白いんじゃないかな、という決断だったんです。再制作というよりも、逆に自分たちの作品を見直して、解釈し直すということをしたわけですね。とくに、この展示の前半にあるネットアート系の作品はそうでして、インタラクティヴ性をあえて排除しています。もう何だか「墓」というか「ゾンビ」のような、半分は生きているけど半分は死んでいるようなもので、当時を知っている人から見たらちょっと残念に思われるかもしれない。

千房　それで「UN-DEAD-LINK」というタイトルにしたんですね。「アンデッド」、つまりは死にきれないゾンビの状態ですね。

　この展覧会のいちばん最後に新作として展示した《UN-DEAD-LINK 2020》も、厳密には再制作された作品です（図８）。もとになる作品《UN-DEAD-LINK》のオリジナルヴァージョンは、二〇〇七年に作りました。どういう仕組みかというと、３Dのゲームエンジンを使って３D空間を作り、そこでＮＰＣ[*12]たちが殺し合いをしている。インスタレーションの構成としてはリアルなオブジェクト、例えばグランドピアノやラジオがあったり、ターンテーブルやライトやシュレッダーがあったりという具合に、実物のモノが乱雑に展示会場に置かれていたんです。そしてゲームのキャラが一人死ぬごとに、ピアノの一つのキーが鳴ったりとか、オブジェがガタガタと動いたりとか、音が一瞬だけ鳴ったりとか、何かが反応して動く。そうしてゲーム世界の死と、現実世界のオブジェとを連携させたインスタレーションを作ったんですね。

　これを二〇二〇年ヴァージョンとしてアップデートしたときには、オブジェの数はかなり減らしたんですが、そこにスマートフォンを置いて反応するという状態にしたり、あとはゲームそのものを更新して、ブラウザから入ってネットワークで人が参加できるようにしたり、さらにスマホから参加できるようにしたりといったかたちでアップ

図8　エキソニモ《UN-DEAD-LINK 2020》（二〇二〇年発表、提供：東京都写真美術館　撮影：丸尾隆一）

＊12　Non Player Character の略。プレイヤーが操作しないキャラクターのこと。

デートを加えたんです。だから、作品自体のコアにあるアイデアは同じなんですけど、それを時代の環境に合わせて作り変えた作品といえます。

赤岩　「UN-DEAD-LINK」は、リアルな展示会場である写真美術館の会場と、年表のような形でまとめたオンライン・サイトの同時開催にしました。先ほどの作品も見られるので、興味のある方は見てみてください。*13

千房　メディアアートは保存が難しく、すぐ動かなくなってしまったり、作品が死んでしまったりということが起こりやすい。そのことをテーマにした展示を二〇一八年に山口情報芸術センターで、ＹＣＡＭとエキソニモの共同で企画しました。*14

赤岩　これは他人による再制作や解釈というよりも、アーティストたちに問いかけることから実現された展覧会で、自分が死んだ後にどのように作品が残るのが理想的なのか、それとも残したくないのか、あるいは勝手に残ってしまうのか、つまり「作品の死」をそれぞれがどのように定義するのかを聞いた結果として、それを展覧会として提示したんです。

千房　古墳のようなイメージで「メディアアートの墓」というものを作り、八人のアーティストに「もう死んでしまった」と思う作品をピックアップして紹介してもらい、それらをこの墓の中で展示することにしました。「死体安置所」じゃないですけど、まさに「墓場」ですよね。来場者向けに音声ガイドがあるんですが、それも工夫して最新のＭＰ３プレーヤーから昔のＣＤウォークマンやカセットテープなどを用意して、いろいろなメディアから選んだ音声ガイドを聞きながら、この展示会場の内部を見てまわる。すると、それぞれの死んでしまった作品の背後にあるストーリーを聞くことができる、という展覧会になっていました。

　いくつかピックアップすると、江渡浩一郎さんの《WebHopper》という、一九九六年に制作された作品の「データ」が入ったハードディスクがあります。当時、日米を繋いでいる基幹ネットワ

*13　https://topmuseum.jp/contents/exhibition/index-3817.html（アクセス日：二〇二三年三月一日）

*14　エキソニモ＋ＹＣＡＭ共同企画展「メディアアートの輪廻転生」二〇一八年七月二一日～一〇月二八日、山口情報芸術センター、https://special.ycam.jp/rema/（アクセス日：二〇二三年三月一日）

ークにコンピュータを置いて、そのパケットをキャプチャしながらウェブのデータのやりとりをヴィジュアライズするという作品でした。だけど江渡さんいわく、そんなこと今の時代は絶対にセキュリティ的にも無理だし、その当時の「ゆるゆる」だったインターネットでしか実現できなかったということで、この作品はもう復元不可能であるという判断をせざるをえない、ということでした。このハードディスクの中には、その当時のパケットをキャプチャしたデータがすべて入っているんですね。今であれば、プライバシーなどの問題でも公開できないような生々しいデータが入っている状態であるということを、この展示とともに紹介しました。

つぎは、藤幡正樹さんの《YMO techno badge》という一九八〇年の作品です。これは藤幡さんがYMOのコンサートグッズとして制作した、LEDで光るバッジです。これは実物が完全に壊れてしまって動かないので、文字通りに死んでしまったものとして、それに関連する資料と一緒に展示しました。ただ、いろいろリサーチをしていくと、じつはこの《YMO techno badge》をDIYで復元している人がいました。おそらくファンの方だと思うんですけど、電子工作をできる人が当時の《YMO techno badge》を自作し、それをYouTubeで紹介する動画があったりするんです。アーティストが作ったものがまったく違う人のところに「転移」するというか、そのスピリットみたいものが継承されて再現されたり継承されたりする。そこで「変異」が起きているという実例になっているわけですね。

また、ちょっと特殊なケースですけど、ビデオアートで有名な韓国のアーティスト、ナムジュン・パイクのスタジオで発見されたサイン入りの壊れたモニター、これも先ほどの展覧会で展示しました。これ自体はアート作品なのかどうかも定かでなく、ある話によると、何らかのパフォーマンスで使われた機材じゃないかとのことでした。ただの壊れたモニターなんですが、ブラウン管の壊れ方もかなり格好良くて、ブラウン管自体が年代物なので、見た目がすごく面白くて時代を感じるというところに加え、アーティストのサインも入っている。そんなわけで、その瞬間を封じ込めたオブジェとして何かしら伝わってくるものがあるんです。壊れてしまったメディアアート作品からでさえ、その時代感のようなものが伝わってくる一例だと思います。こうした経験がたぶん、「UN-DEAD-LINK」という写真美術館の個展をしたとき、過去のメディアアート作品をバッサリと殺して展示したきっかけになったのだと思います。

赤岩　これは、そもそも作品として発表されたものじゃない。でも、他の「死んでいます」とされた作品と並んだときに、すごく強く感じるものがあったんですよね。だからやっぱり当時と同様に動作させること以上に、何か残すべきものがあるんじゃないかと考えました。

千房　この展覧会では、八人のアーティストに「死んだ」作品を出してもらうこととは別に、YCAMに過去に関連したアーティストに対して、一斉にアンケートを送ったんです。すごく重要だと思うんですが、作品の「死」をどのように考えるのか、作品をどのように未来に残していくかなどいくつかの質問をし、その答えが一〇〇以上も集まりました。

赤岩　YCAMにかかわった方たちなので、彫刻や絵画よりも情報芸術系、メディアアーティストだったり、パフォーマンス・アーティストだったり、ミュージシャンだったりする方が主でした。

千房　アーティストたちに「作品の死」について質問したとき、作品そのものの状態を考えることが、一つの切り口、あるいは、大きな方向性としてありました。やはりメディアアートなので、壊れたとしても修復することで蘇る、と考える人がけっこう多かったんですね。回答にも「仮死状態」という言葉が出てきたり、むしろ良いパーツがついて「パワーアップして生き返る」といった言葉が出てきたり、普通の絵画であればあまり考えられないと思うんですけど、そうしたことも起こりうる。先ほどの蚊のゲームの難易度がコンピユータのスピードによって上がってしまったのと同じで、作品の質が自動的に変わってくることもありうる。

赤岩　ゾンビ状態のものをあえて展示したのが「UN-DEAD-LINK」でしたが、そういった状態はわりとメディアアートに特殊な状況だと思うんです。「生きてもいないし死んでもいない」という状態。例えば、絵は壊れてしまったら、生きてもいないし死んでもいないという感じにはならないだろうけど、メディアアートの作品にはそれがありうるかなと思います。

千房　アンケートの回答をみると、ソースコードが残ってさえいればなんとか復活させることができるので、「ゾンビ」という表現を選択する人もいます。あとは「関係性」ですね。作品と鑑賞者や社会との関係性に注目して、「その作品が忘れ去られたときが死ぬタイミングである」と考えるアーティストもけっこう多かったです。それ以外にも、「その作品が批評性や「毒」みたいなものをもたなくなったらそれが作品の死である」と考えるアーティストもいました。もちろんそういった意味では、作った時点ですでに死んでいる作品もあったりするでしょうけど……（笑）。

さらに、作品が他のものに影響を与えてそれが生まれ変わるというか、別の作品の中で無意識に引き継がれるということが、作品の生命だと考える人もいたりします。あと、極論だと書かれてはいるんですけど、アートみたいなものは人類の営みによって生き延びている、それに人間そのものもハードウェアの上で走っているソフトウェアみたいなものなのだから、「作品の死」とは人類の滅亡と同じタイミングであるという――そんな極端なことを考える人もいたりして。でも、それはそれで納得できるなとは個人的には思うんですね。このようにいろいろな意見が出てきて、すごく面白かった。

赤岩　人の死は二回ある、一度目は身体的な死で、二度目は人の記憶からなくなったとき、といったことが語られたりもするけど、これにわりと近いことをメディアアートにも感じるんだな、と思ったりしました。

千房　そして最後に紹介するものですが、先ほどのマウスが二つ合わさった作品のシリーズ、《ゴットは、存在する》というタイトルのものです。これは「ゴッド」ではなくて「ゴット」という、僕らが捏造した言葉なんですけど、その言葉を聞いた瞬間に「神が存在する」ってことを連想する人が多いという想定で制作した作品シリーズです。例えばマウスが二つ向き合わさった状態から「祈り」を連想させて、インターフェイスをもちいて作品のなかに人間がスピリチュアルなものを勝手に見出してしまうことをテーマにした作品を、二〇〇九年に制作しました。

それに対して「ゴットを、信じる方法」という展覧会が、二〇一八年に京都のギャラリーARTZONEで京都造形芸術大学〔現・京都芸術大学〕の学生たちによって開催されました。彼女たちはそもそも、僕らの《ゴットは、存在する》という作品そのものは見てはいなかったんですが、面白いことに、その再制作をテーマにした展示となった。もともとはエキソニモに対して、ARTZONEで展示をしてほしい、ARTZONEを「ハッキング」して欲しいという依頼をいただきまして、それに対する返答として、もう制作から一〇年近く経つ《ゴットは、存在する》という作品を今の時代にアップデートして、企画している学生たちに再制作してほしい、と返したんです。学生たちは先の話にも出ましたが、もうすでにマウスに対してリアリティをもっておらず、マウスは見たことがあるけどあんまり使ったことはなかったりもする。そこでまずは、そのゴットを信じるところから考える、どうすれば信じることができるか、ということからはじめました。

赤岩　私たちはもうこの作品は死んだものとして自由にやって欲しいということで、こうしてほしいだとか、これは駄目でゴットじゃないといったことはいっさい口出しせずに、本当に自由に解釈し直してくださいということを伝えました。そしてそこから、いろいろと面白いことが起こったんです。

千房　これはプロジェクトのページ[*15]なんですが、彼女たちが再制作にあたっていろいろとリサーチをし、どうすればその「ゴット」というものを信じられるんだろうかと試行錯誤しながら、自分たちの作品を進めている記録がたくさん残っています。最後にエッセイがあり、そのなかで《ゴットは、存在する》シリーズの新作を、彼女たちは自分たちのアイデアをもとに作ったんですね。

そのなかに「ゴットを信じる会」による《告白》という作品があります。CAPTCHA 画面、サイト上で人間とロボットを見極めるために画像を選択させる仕組みを改変し、風景写真のなかから「ゴットを選択してください」と表示される。こういうインターフェイスみたいなものを作品として出したんです。これを見ていると正解かどうか、ちゃんと継承されているのかといったことはあんまり問題じゃないと思っていて、いろいろと試したり考えたりした痕跡みたいなものを展覧会として出していたこと自体がすごく面白いし、意味のあることだと思っています。

赤岩　本来の《ゴットは、存在する》シリーズを展示することだってもちろん可能だったんですけど、マウス自体にそんなにリアリティを感じない、タッチスクリーン世代である学生たちは、最初はゴットなんて存在しないと思ったようです。そういう人たちに二つのマウスからなるオリジナルの作品を見せて、「よくわからないな」という感想を引き出して終わってしまうよりも、「ゴットって何だろう」と考えるプロセスとか、それを再解釈するプロセスとかを示し、それによって彼女たちは、結果的に「ゴットみたいなもの」を感じることができたんじゃないかと思います。やはり再制作することから、そのものが動く状態で見せるよりも面白いもの、大事なものがあったんじゃないかと思います。

千房　だから確実に感染し、変異している。自分たちで再制作するのであれば、自分たちの中で変異が起きているのかもしれないけど、他の人にそのコンセプトが感染して生み出されたものは、変異した別のウイルスになるということが確実に起

＊15　https://gotwosinjirukai.tumblr.com/（アクセス日：二〇二三年三月一日）

きている。ウイルスもどんどん変異しているけれど、ウイルスとしては感染すればいいわけで、もともとのスピリットとしては変わるとか、スパイク・タンパク質が変わるとか、その変わり方そのものはウイルス側としては問題とされていないですよね。そうして感染して広げていくことが成立したという意味では、すごく面白い実験だったかもしれない。

赤岩　できあがったものが作品として素晴らしいかどうかって、そんな一発で判断できるようなことじゃないですしね。でも、そうした行為の中にどのような可能性があるか、というのがちょっと見えたりしたので、すごく面白い実験だったと思います。

千房　そうですね。で、結論になるんですが、「メディアアートは、むしろ変異できるアートである」といえるのではないかと思います。いわゆる絵画や彫刻は、アーティストが作ったものが最終形態であり、それをいかに変えずに残していくか、という点に意味があるとされている。そうした議論では、メディアアートは環境やコンピュータの変化のスピードが速いために検討できないのですが、むしろそのなかで意味や表現自体でさえも変異してしまうし、そうして変異していくことをネガティヴではなくポジティヴに捉える、つまりは「変異して残ることができる」アートなんだと捉えることができるかと思います。

赤岩　はい、以上ですね。どうもありがとうございました。

○ディスカッション

廣田　どうもありがとうございました。以前であれば、メディアアートの物質的な保存に関しては美術館や博物館にとって大きな命題もしくは問題で、例えばブラウン管をどうするかとか、CD-Rはどうだとかいった問題が現在でもありますよね。劣化した状況をすべてデジタルに変えていくべきかという点もいろいろと問題を含むなか、どこまで追求しないといけないんだろうと考えると、けっこう辛いなと思っていたんです。だけど、アーティスト自身がそれを再解釈して楽しんでいるんだと思ったら、同じ状態をいかに保つかという話だけではないという点で、すごく気が楽になったんですよね。

東京都写真美術館での展示は、昔を知っていたからこそ面白かったというのもありましたが、これに関して「大胆に再解釈した」とおっしゃっていましたね。そのときに「疑似体験」という言い方をされていて、これは何か「生命」や「変異」といった場合に、その過去の作品をもういちど蘇らせるといった感じなんでしょうか。それとも、作品のかたちは変えているけれど、同じ作品として生きつづけるという印象なのでしょうか。作品の「死」のレベルの話でもあるんですが、過去に見た作品はもう死んでるのか、まだ生き続けているのか、そのあたりをアーティストの側でどのように考えているのかを私から質問させてください。

千房　東京写真美術館でおこなったレベルの再解釈は、作家本人にしかできないと思うんです。例えば、他人が勝手にインタラクティヴ性をなしにして展示するとかはやっぱりできないと思うので、そういう意味では、見事に首を真っ二つに刎《は》ねた、みたいなところがあった。それを同じ作品かどうかといわれたら、それはどうかなとは思うんですけど、他方でそこにはあんまりこだわっていないというか、むしろ今できるベストなかたちとして、伝わるかたちとして展示することが重要だと思っていました。

例えば、大昔にどこかの国である民族がすごいお祭りをやっていたとして、それを紹介するのにそのお祭をそのまま再現したら伝わるかといったら、そんなことはまったくない。むしろまったく違うものになってしまう危険性すらある。とすれば、当時そのお祭りで使われていた道具などを綺麗に見せるとか、そこから先は想像力で補ってもらうとかにしたほうが、イマジネーションの中でその祭りが想像できたりする。それぐらいのレベルで、思い切った感じでやりました。

赤岩　私としては、最初に制作した元の作品から派生した別の作品、変異したといえるかもしれないですが、新作じゃなくともそんな感じかな、という気持ちでした。

廣田　作品の物質性以外に、先ほどの文脈の変化や再解釈の問題にもかかわるんですけど、インタラクティヴ性やインターフェイスを主題にしていると、どうしてもその観客がその当時、どのように体験したのかという点が重要なポイントになる。コロナによって大きく文脈が変わったというのは、お客さんにとってもそうだし美術館にとってもそうです。コロナの状況によりオンライン経由で鑑賞する作品が増えていくなかで、観客が作品を体験することの価値が明らかに変わっている。

ところで変異という話でいうと、今大会の会場がある福岡にきて一つ大きなニュースがありました。キャナルシティ博多には、お話に出てきたナムジュン・パイクによる一八〇台のブラウン管を使った大きな作品がありまして、これが驚いたことに修復されたんです。*16 会場にいらっしゃっている方はぜひ、これを見た方がいいかもしれません。日本最大級といわれるナムジュン・パイクの作品で、ほとんど見られなくなっていたブラウン管が全部、映るようになりました。ちょうどインタビュー記事にも出ていましたが、修復にあたってデジタル技術で直すのではなく、当時のモニターを中古で買い集めたとのことです。ただ、インタビューに答えた担当の方は、これも一〇年経ったらまた同じ問題が起きるともおっしゃってました。それをどのようにフォローしていくのかは今後の大きな課題ですが、このモニターに関する問題は世界でも「ナムジュン・パイク問題」と呼ばれるほど深刻で、いろんなところでモニターが見られなくなっている。

千房　僕らも五、六年前かな、福岡に住んでたことあるんですけど、そのときは半分ぐらい死んでたと思うんですよね。

赤岩　半分ぐらい消えていたのと、その背景のことをもう知っていたからか、何とも思わなかったりと……。ちょっと寂しさは感じたけどね、う

＊16　《Fuku/Luck,Fuku=Luck,Matrix》（一九九六年）のこと。経年劣化により二〇〇一年頃からブラウン管での上映が停止されていたが、二〇二一年一〇月に修復され、現在は決まった時間に画像が映し出される。

ん。

廣田　そろそろ会場からご意見が出てきそうです（図9）。

質問者1　ありがとうございます。非常に興味深かったです。「生きている／死んでいる」の話について、これを生物以外に使うときは当然、「メタファー」なんですが、生命というのも基本的には物質的・物理的なものだという昨日のセッションでの指摘を受けつつ、では、形がない情報はどうなのだろうかということを考えていました。物理的なものに比べて情報は強いのかと思っていたら、今日のお話を聞いてると、支持体にあたる再生機器だとかコンピュータだとかが意外とフラジャイルだという印象を受けます。絵画であれば、時代の違いや画材の違いはあれ、ちゃんと保存されてさえいたらそうはならない。

ただ、「この絵が死んだ」とはあまりいわないですが、「リンクが生きている／死んでいる」とは表現しますし、先ほども「ブラウン管が生きている／死んでいる」といったりする。これがどう

図9　当日の会場の様子

してなのかということを考えたんです。ちょっと話が逸れますが、「修復」にかんしてアメリカ英語では「treatment」という言い方をしますが、日本語でいうと「治療」にもなる。また、そうしたメディアアートやメディア芸術の起源がいつかと考えたら、やっぱり録音技術が登場したあたりのような気がする。ようするに、録音以前の音楽というのは一回きりですから、生きているも死んでいるもなかった。それがメディアに記録されるようになってから、生きている／死んでいるといったことが意識される時代になったのかもしれない。この点に関連してお考えがあれば、よろしくお願いいします。

赤岩　たしかに「デッド・リンク」だとか、「リンクが生きている／死んでいる」とも普通にいいますよね。これって面白いですね。

千房　思いつきなんですけど、例えばコンピュータとか情報とかの世界は、人間の後の生命、新しい生物やＡＩがそこに誕生するとか、人類が新しい生物になるみたいな話とか、そういったことと接続されやすい、そのようにイメージしやすいんでしょうかね。

赤岩　インターネットについていうと、やっぱり自分の身体じゃなくても自分の延長だという感覚があるんじゃないかと思います。とくにスマホになると、本当に身近に身につけているから二四時間ネットに繋がっているような状態になり、生命の延長線上という感覚もあるのかもしれない。例えば、彫刻に関しては自分の延長とは思えないし、絵に対してもそうは思えないところがある。生きている／死んでいるということは、もちろんメタファーなんですけど、情報やメディアに関してはわりと自然にというか、そんなに違和感がないということはありますよね。

質問者2　今の話を聞いて思い出したのは、フリードリヒ・キットラーの著書『グラモフォン・フィルム・タイプライター』の中で、音を記録するグラモフォンであるとか、新しいメディアが出てきたときにいろいろな小説などが書かれるようになり、そのときに出てきたのが幽霊とかゴーストの話なんですよね。だから、あの頃にはじめてメディアとともに「死にきれない何か」であるとか、死んでしまうことの矛盾みたいなものを意識しはじめたのかもしれないと考えました。そもそもマクルーハンがメディアを定義したときに、「エクステンション」（身体の拡張）といってもいるわけですしね。さらにSFの世界のメインストリームも、かつては宇宙に行くとか、物理的にどこかに行って世界を広げる方向であったものが、やっぱりこのデジタル技術やサイバーパンクが出てきたときには「ハッキング」することや、今おっしゃったように、人間の延長線みたいなものを想定するようになった。そうしたことも含めてやっぱり、情報自体の生命性みたいなものがいろいろな次元で呼応しているのではないでしょうか。

千房　そうですね、「ゴースト」でいうと、それこそ僕らも「ゴット」という言葉を捏造して「神」みたいなものを匂わせたりとかしています。インターネットではもうあまりいわないかもしれないけど、よく「神」動画なんていいましたよね。僕はメディアアートとかをはじめて見たのがおそらく九〇年代だと思うんですけど、その当時はメディアアートがなんだか「オカルト」っぽい感じにすごく近かったような印象がある。それ自体が一体、何ものなのかわからない、皆がどう捉えていいかわからない。となると、解釈するためにその隙間に必ず「交霊」であるとか「スピリッツ」みたいなものが紛れ込んでくることがあるのかな、と思います。でも、そうした領域がいちばん面白いですよね。まだ摑みきれないということは、面白いものなんだと思ったりします。

赤岩　「死にきれない」という話もすごく面白いですね。インターネットがない時代は、身体が死んでしまえばたぶん、身内の人やそれ以外の人がちょっと覚えてくれているという状況だったと思うんですけど、これから先はインターネット上にじゃんじゃん情報を流してしまい、死後もそれが残っている状況になり、実質的にどのあたりが「自分の死」になるのか曖昧にもなる。死んだ人が残したブログに人が集まってきて、そこで会話がはじまったりだとか、死んだはずの人から誕生日の告知が届いたりだとか、そういったことからも、自分の命とインターネットとかがすごく繋がってきているな、と思いますね。

質問者3　大変、興味深いお話をありがとうございます。作品の生と死が成立する技術的な文脈ということを考えたときに、個人的に関心を持ったのが物とデータとの関係という点です。最近、触覚という観点から考えているんですが、最初に見せて頂いた指紋をたくさん重ねて白いオブジェが形成されていく作品、そこには会場だけでなくてオンラインで参加されている方の指紋も含まれると思うんですが、非常に感慨深く感じました。

『ゲーム化する世界』というタイトルで発行された記号学会の学会誌がありますが（『叢書セミオトポス8』）、ゲームなんかもアーケードゲームのような形であれば筐体として残っていることもある一方、現在のソーシャルゲームなどの場合にはどんどんアップデートされて、例えば「ポケモンGO」も二〇一六年にリリースされてから、どんどん変わっている。現在はオンラインとオフラインが重畳された「セカンドオフライン」とも言われるように、二四時間インターネットと接続可能な状況で、さらにCOVID-19がオンラインとオフラインの比率を大きく組み替えたというところもある。そうした状況の中で「触覚」という点に関連して、モノを触ることの意味とデータに触ることとの意味、これらの比率や関係性がどのように変わっているのか、そのあたりについてお話をうかがってみたいと感じました。

赤岩　たしかに「データに触る」というところがすごくコロナ以降、感覚としてアップデートされたんじゃないかと思います。何年か前からの流行で「ＡＳＭＲ」（Autonomous Sensory Meridian Response）というジャンルがあるのをご存知でしょうか。動画を見ているだけなんだけど、なんだか背中がゾワっとするような気持ち悪さがあったり、または「oddly satisfying」といって、とにかく感覚を気持ちよくさせたりするという動画もあります。視覚と聴覚から、じっさいに触ったりする触覚などの感覚に繋がってくる。データとかそうしたもののヴィジュアル表現に、感覚や感情がそこまで入り込むというような状況が加速したのかなと思いますね。

千房　ＡＳＭＲはYouTubeでジャンルとして確立されたもので、例えばすごく感度のいいマイクをブラシで「カサカサカサ」と擦ったりとか、何かを食べて口で「クチャクチャ」させるのをずっと聞かせたりとか、その音のテクスチャーみたいなものを楽しむというジャンルですね。「oddly satisfying」は、３ＤＣＧのヴィジュアルのものが多くて、ボールが転がってきてぴったり嵌まるといったことがずっと繰り返される。そうしたことをただひたすらずっと見ているとか、その３ＤＣＧの質感だけを楽しむといったものです。昔から例えば、マイクをはじめて買ったらそういうことして遊ぶじゃないですか、それが普通にエンターテイメントのジャンルの一つとして成立していることから、時代が変わったなと感じます。

赤岩　データの質感を感じられるようになったということですよね。一〇年ぐらい前、トークショーをしたときに、「ＪＰＥＧ」というファイル形式と「ＧＩＦ」というファイル形式の画像のどちらが「硬い」かという質問を会場の人に投げかけたんですよね。おそらく、制作をしたりしている方にはそういう感覚があるんですけど、私たちとしてはもう絶対にＪＰＥＧが「柔らか」くてＧＩＦが「硬い」というイメージがある。そのときに考えたのはなぜ、データについてそうした「質感」を感じるのかということだったんですが、そうした感覚がすごく一般化して、コロナ以降に加速したなと感じています。

千房　ＡＳＭＲを聞きながら皆、何をやってるんだろうと考えたとき、なんだか「トレーニング」をしてるような感じがして。何かというと「データの人間」になるというトレーニング、そうした時代がやっぱり到来するのではないかということで、皆が無意識のうちに訓練してるのではないか――そんなことを考えたことがあるんです。先ほどの生命の話とメディアとデータが繋がりやすいということも含めて、人類はやっぱり確実にそちらの方向に向かっていく、そのことを大勢の人が無意識で感じている。コロナで加速したけど、それに対する準備としてのASMRなんじゃないかと、個人的に考えたりしました。

質問者4　いろいろ面白く聞いていました。先ほどの生と死のメタファーが多いんじゃないかという点で、例えばUNIXのコマンドには「kill」というものが最初からありますよね。そういう意味では、コンピュータの基本的なところで、生と死の概念に似たことを考えた人たちがいたんだろうと思いました。なぜ「kill」が生まれたのかは、ちょっと調べてみると面白いかもしれないし、またエキソニモの初期の作品でも《DUB & PASTE》とか、その「dub」というコマンドを考えて、作ろうと思えば作れちゃうかもしれないというところが、すごく良いと思える。つまり、「kill」だからもうどうしようもないというわけではなく、「kill」に対して「reborn」とか何か、わからないけれど新しいコマンドも作れそうだなんてことを思ってみたり……。

あと一つ思い出したのが、井の頭公園の「神」の話です。間違っていたら訂正してほしいんですけど、井の頭公園に変な石があった。そこにやえちゃん〔赤岩〕が花か何かを添えて、つぎに行ったらそこにどんどんいろんなお供物がお供えされるようになり、最終的に祀られる対象になっていった。つまり「神は作られる」みたいなことがあったんだよね、と昔に話していたのを思い出しました。昨日のセッションとの関連でいうと、細胞の話をうかがっていて一〇〇年前であれば生命の基本単位が細胞だというのは単なる「説」でしかなかったのが、その後に一〇〇年ぐらいかけていろいろやってみたら、今はもう生命の基本単位は細胞ですという「事実」になった。だからアイデアでしかなかったものがその後に事実になっていくことがあり、それが情報の世界ではもっと速いサイクルで起きていくのか、なんてことを思ったりしました。質問というよりはコメントです。

質問者5　二つお聞きしたいことがあって、昔からメディアアートを作ってらっしゃる方に一度聞いてみたいなと思っていたことなんです。生命の話とも少し関連するかもしれませんが、メディアアートは基本的に電気で動かすじゃないですか。今、SDGsみたいに省電力にしましょうといったときにですね、実際はたいした量の電気を使っていないかもしれないですが、メディアアートはデバイスを動かすので、そういうことに対する問題意識みたいなものがあるのかな、というのが一つです。それからメディアアートは、いろんなソフトウェアとかプラットフォームに依存するので、そういう作品を作ってらっしゃる方はそもそも自分の作品を永続させたいと思っておられるのかどうか。もしそうだとしたらメディアアートという形式ではない方がいいんじゃないか。その二点を以前からお聞きしてみたかったので、ご意見をお聞かせください。

千房　電気を使うことについてですが、最近大きな話題になったのはブロックチェーンの問題ですね。NFT[*17]が去年〔二〇二〇年〕ぐらいから出てきたことで、メディアアートの世界が二分されるような大議論が発生したんです。ブロックチェーンはものすごい大量のコンピュータが計算をして成立する構造になっているので、NFTの作品を一つアップロードするだけでもすごく電力を消費するということで議論になりました。もちろん、計算の仕方にはわからない部分もかなりあります。また、飛行機に乗ったらものすごい量の二酸化炭素ガスを出すし、飛行機に乗らなければそれを出さないかといえば、乗らなくても飛行機が飛んでたりするという問題もあったりして、結局のところ結論は出ていません。展覧会を一つ開くことで例えば、そのギャラリーの電気をずっとつけっぱなしにしたり、人がたくさん見にきたことで移動するコストとしての電力やCO2は計算できなかったりもするし、そこは難しいですよね。正直にいうと、僕も結論はまったく出せていない。というか、人間が生きていることでどんどん電力やCO2が出ていくので、そこはバランスですよね。もう自分がやっていることはその価値がある

*17　「non-fungible token」（非代替性トークン）の略。デジタルデータをブロックチェーンで管理し、その一点限りの真正性を保証することから、オンライン上のアート作品に応用された。「NFTアート」とも呼ばれる。

って思うしかない、というふうにもなってしまう。

赤岩　私も電力に関しては同じような考え方です。結論が出ない、かといって、やめるわけにもいかない。だから、やりながら考えていこうみたいな感じですね。

プラットフォームに依存する作品を作るという次の点ですが、はじめてインターネット上でネットアートみたいな作品を発表しはじめたときは、それを残すということはまったく考えてなくて……。でも一年か二年したときに、これは残りづらいなということは当時の時点でも思ったんです。ただ、残すタイプの作品ではなくて、ちょっと時間の長いパフォーマンスだと考えたらいいのかとも思い、そうした意識を前提にしばらくはつづけていました。とにかく新しいものを作る、ということにエネルギーを注いでいたんです。

だけど、ニューヨークにきてから、また「残す」という問題に直面したんですよね。というのはギャラリーのオーナーから、君たちの作品は死んだらどうなるのというようなことを聞かれたりして、これは壊れたらどうなるのと聞かれたりして、いつでも直しにくるんで大丈夫ですといったら、いや、君たちが死んでからの話だよって……（笑）。たしかにコレクターさんがもつということもそうだし、ニューヨークでは美術館の権威がすごいんで、残すことに関するいろいろな議論も盛んです。そうしたことをきっかけに、自分たちの作品がどうなるのかを、自分たちの生きている尺度ではなくて、その後のもっと長いスケールで考えることも必要だと思い、いろいろと考えはじめたんですよ。でも、考えたら考えるほど、残すような作品を作った方がいいのかな……となる。これだと残らないし、こっちの方がいいのかな、なんていろいろ考えはじめると、それはそれで本末転倒だとも思うようになり（笑）、残す作品を作るために活動をしているんじゃない、作りたいものを作って後で考えよう、と。だから、いったん考えたうえで、元に戻ったような状態ですね。

質問者6　個人的に面白かったのは、「ゴットを信じる会」のお話でした。作品の再制作みたいなことは歴史的にいろいろあるとは思うんですけど、以前からメディアアートのアイデンティティは「インタラクション」にあると聞いたことがあります。それは理解できると同時に、しかし何か触れるといっても、許される触れ方と許されない触れ方があるだろうし、そこに非対称性があるだろうという引っかかりもあった。以前であれば作者以外が触れることはそもそもが禁忌である一方、それとは逆に、デジタルデータやプログラムはとくに再制作の場合にも触れられてしまうし、そのことによって踏み込んだ再制作ができる実例として面白いと思ったんです。と同時に、そうなるとどこまでいったら作者の手を離れることになるのか、「オープンソース」のプログラムに近くなって、もうエキソニモさんの作品ではなくなるラインがどのあたりにあるのか。これらについて、どのように考えておられるのかをおうかがいしたいと思います。

千房　けっこう難しい問題でもあると思うんですけど、例えば画家と絵画であれば、本人が制作したものが作品であるということがわかりやすいと思います。だけど、メディアアートの場合は「コード」があって、それを走らせるコンピュータが違っていたり、それによって表現も微妙に変わったりもする。なので、単純には語りにくい問題ではありますよね。あと「エキソニモ」という名前をつけたときは、インターネットでやるのに「匿名性」が高いということが最初は理由としてあったんです。作家性を前面に打ち出すことを最初は避けていたんですけど、しかし活動をつづけていくうちに、やっぱりそうしないと活動しづらいこともあり、だんだんと作家性みたいなものが立ち上がってきた。そこはけっこう矛盾したり、行ったり来たりしている部分なんですが、先ほどの「ゴットを信じる会」の作品は、やっぱり自分の作品だとは思わないという感覚がある。そうですね、ちょっと答えを出すのは難しいんですけど、自分の作品であるかどうかは、自分が実際に手を動かしているか、あるいは、そこに賭けているか、といった部分に左右されると思います。そこから派生していくものに関してはあくまで「派生物」であって、それが「偽物」だという感覚はまったくないんですけど、すくなくとも「エキソニモ作品」ではないとは感じる。

赤岩　むしろ、その派生物が大成功する可能性もあるからね（笑）。それでもエキソニモの作品かどうかというと、やっぱ違うのかなという気がする。それでいて、エキソニモの作品じゃなきゃいけないとも思わない。何かしら自分が作った作品に残ってるものが、何かしらの形で引き継がれる。それが面白く引き継がれていくのだったらそれは嬉しいというか、そういう形の方がいいなとは思います。

千房　例えばサイエンスの世界でも、論文を書いたのはこの人であるとすごく明確にいいつつ、その論文からまたつぎのアイデアが生まれて、つぎの論文ができたときにそのアイデアが引き継がれる。そして、考え方そのものが引き継がれるという点が肯定的に考えられていると思うんです。そういう考え方を、メディアアートもわりとするんじゃないかなと思います。

赤岩　アーティストからとった先のアンケートでも、美術館のように作品をそのまま残すかどうかという点に関しては、さまざまな回答がありました。今の私たちの回答に近いものも多くて、つまり自分がやった体験を残してほしいとか、自分が作ったものが何か違ったかたちで伝わっていくのがいいとか考えるアーティストもいたようです。美術館が残したいと考える方向性とは少し違うものが、作家としては強くあるんじゃないかなと思います。

廣田　ありがとうございます。最近だと、美術館もメディアアート作品を入れようとしたときに、「リタイア」を決めるというやり方があるようです。「リタイア」という言葉を使っているところに、なるほどと納得させられるところがありました。つまりは作家自身に聞いて、このブラウン管の中の何かがなくなったらこれは「リタイア」とみなします、そうなったらもう、真っ黒なブラウン管とその当時の展示風景だけの映像にしましょう、というものです。作品を作って収蔵されることが決まったら、すぐにリタイアを設定するという、それもなんだか複雑な話だなとは思うんですけどね……（笑）。

質問者7　ありがとうございました。セッション1の「オートファジー」に関する対談[*18]から、今日の問題に引き継ぐとどうなるかな、ということを考えながら聞かせて頂きました。「「生命」を問いなおす」という大会テーマに関連していえば、従来の生命観だと「命あるものは必ず死ぬ」という観念があり、それに対抗して生命をいかにして永続させるかということが理想化されてきた。けれど昨日のセッションで明らかになったのは、生命とはそもそも死なないんだという発想の転換なんですよね。つまり、死というものは本来、必然のものではない、なんらかの理由で付加されたものだということです。

そうしたことをアートの文脈で考えると、例えばメディアアートは保存が大変だという話がありましたが、別にメディアアートじゃなくても保存は大変ですよね。伝統的な絵画や彫刻でも、保存や修復はすごく大変です。メトロポリタンやテート・モダンのような世界的な美術館が、あと数年でコレクションをやめるとも聞きます。もう限界なんですね。作品の数は膨大に増えていて、これから作られていくアートはいろんなメディウムを使うだろうし、それを保存すること自体が限界にきている。今まであればアーティストが作品を作って、最終目標としては大きな美術館に買い上げてもらい、永久にそこで「美の殿堂」みたいな感じで保存されて、自分のために美術史の一ページが書かれるみたいなことが理想だったじゃないですか。だけど、もはやそういうことが成り立たなくなるというフェーズにきているということだと思う。だから今、廣田さんがいわれたように、最初から「リタイア」が決まっているというのは、むしろ当たり前になっていくんじゃないかという感じがする。そういうことを考えながら聞いていました。

＊18　第Ⅱ部の「オートファジーと死なない生命――細胞のリサイクル・システムから考える」を参照。

廣田　ありがとうございます。今日お話を聞いてメディアアートの物質的な「死」だけではなく「変異」の話を含めて広げて頂いたので、つぎのセッションにも繋がっていくかと思います。あとは会場から頂いたように、メディアという点に注目した場合にもいろいろな考え方がでてくると思いました。皆様、ありがとうございます。そしてエキソニモのお二人、今日はどうもありがとうございました。

エキソニモ　どうもありがとうございました。

マルチスピーシーズと哲学的記号論

檜垣立哉

はじめに

近年の人類学のおおきな動向としてマルチスピーシーズがあげられる。マルチスピーシーズについては、雑誌『思想』（岩波書店）二〇二二年一〇月号で特集がくまれ、現在の日本におけるこの領域の専門家たちによる数多くの論考が掲載されており、その拡がりを一望できるようになった。その特集では、編集に加わった近藤祉秋による、ダナ・ハラウェイの一九九〇年代以降の活動をはじめとする「マルチスピーシーズ研究」の「人類学史」的な記述がまとめられ[*1]、その人類史的位置づけが概観できるものとなっている。

また、日本において「マルチスピーシーズ」という名を高らしめたのは、奥野克巳を中心とする「マルチスピーシーズ研究会」の諸活動であることはいうまでもない。奥野自身が精力的に書籍を出版するのみならず——そのなかには哲学者・清水高志との共著である『今日のアニミズム』（以文社）も含まれる——同研究会における雑誌『たぐい』（亜紀書房）の刊行や、本稿で中心的にあつかわれるエドゥアルド・コーンの『森は考える』（亜紀書房）の監訳など、その精力的な活躍は目をひくものがある。

＊1　近藤祉秋「マルチスピーシーズとは何か？」『思想』二〇二二年一〇月号所収。

先にとりあげた『思想』の近藤論文や、あるいは同誌所収の箭内匡の論考「多種《マルチスピーシーズ》民族誌から「地球の論理」へ」*2などに詳しいが、マルチスピーシーズの淵源が、カルフォルニア大学サンタ・クルーズ校の「意識史プログラム」へのハラウェイの参加や、英米系のライティング・カルチャーとの関連にあるという指摘は、その系譜を明確にしてくれる。人類学の門外漢にとっても、ハラウェイが二〇〇〇年代になって精力的に『伴侶種宣言』(以文社)や『犬と人が出会うとき』(青土社)を出版し、またティム・インゴルド、エドゥアルド・ヴィヴェイロス・デ・カストロ、そしてエドゥアルド・コーンやアナ・チンの仕事などが続々と紹介されたことにより、一連の「流れ」が生じていることはわかる。だが、もちろん内部相互的な批判を含みつつも、それらを(広義の)マルチスピーシーズととらえるためには、系譜学的な理解は不可欠である。

マルチスピーシーズとは、近藤も記すように、初期の狭義の「マルチスピーシーズ民族誌」から、それを批判し「人間的なものを超える人類学」*3を標榜するインゴルドやコーンなどの「広義のマルチスピーシーズ」までにいたるとされるが、現在進行形のその研究領域は、まだ画定しきれるものではない。とはいえこの流れが、フランスのブリュノ・ラトゥールやフィリップ・デスコラの仕事に関与すること、さらに時代を超えて、ジル・ドゥルーズとフェリックス・ガタリの「動物になること」や、ジャック・デリダ後期の動物論、あるいはミシェル・フーコー「生権力論」を、換骨奪胎しつつも継承していることは関心をひく。

だが、マルチスピーシーズが、人類学を拡張した環境や多種間性の思考であるだけならば、それは数多くのアニミズム的な環境思想、あるいは新唯物論や思弁的実在論などが指向するポスト・ヒューマン的思考の一ヴァリアント、あるいはその「民族誌的に詳細な記述」以上のものたりえないともおもえる。奥野が好んで使用する、「たぐい」という関係性を示す言葉や、ハラウェイの共生

*2 この箭内論文では、ドゥルーズとガタリが強調されるのだが、そこで箭内が粘菌を媒介とした植物の記号コミュニケーションに言及することは、リゾームというドゥルーズとガタリのモデルに別の踏みこんだ方向性を示唆するものであり、相当に関心をひく。同誌八九—九二頁。

*3 近藤、前掲論文、七頁。

（symbiosis）という術語、あるいは奥野と清水の対談本で再考されるアニミズムなどは、個々の記述は興味深いとはいえ、思想の枠組み自身は伝統的なものにもみえる。アニミズムを再興させることの重要性を一面では認めるとしても、[*4] 古典回帰にほかならない部分もある。確かにハラウェイ以降の論者は、たとえば彼女がおこなった『猿と女とサイボーグ』での霊長類学にかんするエピステモロジー的解読、つまりそれを可能にする社会経済制度的基盤と、そこに群がる「霊長類学者」たちの生態にオーヴァーラップさせる記述——それ自身はフーコーが『臨床医学の誕生』や『狂気の歴史』で試みていたことである——をさらに広域に展開してもいる。[*5] チンであれば「マツタケ」を巡る、まさに資本と人間と人種の動きが、粘菌である対象と同じように移動し、ある種の廃墟や見捨てられ野生化した土地（奥野らが「フェラル」という言葉で示すもの）[*6] を叙述し、反ネオリベラリズム的な主張をなしている。ヴィヴェイロス・デ・カストロの「脱植民地的思考」も、そこでひとつの標語になっているだろう。それは実際に、フィールド研究の相当な蓄積のうえに、マルチスピーシーズが展開されてきたことを明示してはいる。とはいえ、そこで「何か新たな知的体系」が形成されているのかについては、慎重な考察が必要なのではないか。

ただし、ハラウェイが明確にフーコーのラインのエピステモロジーを描きなおすように、あるいはデリダやドゥルーズとガタリの動物への言及を批判的に継承するように、人類学の新たな流れが、英米の人類学と交錯しながら、フランス思想の一側面を掘りおこしていることは否定できない。あるいは「現代思想」の理論だけでは巧くいかない部分を、詳細な実例によって具現化してくれていることも確かである。

＊4　日本の人類学者岩田慶治がとりあげなおされることなどは、そうした事例といえるだろう。

＊5　ダナ・ハラウェイ『猿と女とサイボーグ』（青土社）、とりわけ第三章前後の、動物行動学者ロバート・ヤーキーズの記述などは見事というしかない。

＊6　『思想』前掲特集の、奥野論考「人間以上にリメイクされる自然」一〇九頁以降で、ニルス・ブバントとチンをとりあげ、ゴミ廃棄場、廃墟、農地と植生や地質などとの関連において、フェラルについて論じている。

『森は考える』におけるマルチスピーシーズ

本稿ではそうした観点から、コーンが著した『森は考える』[*7]を検討してみたい。『森は考える』は、ドゥルーズとガタリの思考をとりいれながら独自のパースペクティヴ主義を展開したヴィヴェイロス・デ・カストロや、さらにはアメリカの記号論者チャールズ・サンダース・パースの議論を踏まえつつ、「人間的なものを超える人類学」を思考する論考であり、まさに「広義の」マルチスピーシーズを代表する作品といえるからである。

エクアドルの東部低地のアマゾン川流域に入りこみ、そこでのルナ・プーマ（ジャガー人間）の記述を軸とするこの書物は、細かくわかれた地形や動植物の記述に加え、ジャガーなどの動物と人間の混交や、死者との交流を描きだすものである。そこでパースの記号論は、その第一性、第二性、第三性（イコン、インデックス、シンボル）という区分だけではなく、言語が人間という種に固有のものではなく、とりわけイコン的な「自然の音声」が示す領域を焦点化してみせることで、記号の自己生成を描ききっていく。

そこでのマルチスピーシーズとは、ハラウェイののべる「伴侶種」のように、種と種との共生をのべるだけでも、あるいはチンのように、マツタケを軸に語られる人間活動やネオリベラリズムがみすてて廃墟化、野生化したフェラルな場所を描くだけでもない。ルナ・プーマ（ジャガー人間）が、そもそも死者とのコミュニケーションや、さまざまな音＝イコンという、シンボル的意味＝人間的意味とは異なった記号の増殖を提示するものである以上、その記述は、生(者)と死(者)、身体と言語という、スピーシーズ概念をさらに拡張したものたらざるをえない。かくしてコーンの著

＊7 Eduardo Kohn, *How Forests Think, Toward an Anthropology beyond the Human*, University of California Press.

作は、独自のアニミズム的感覚とともに、ある種の記述の錯綜をもつことになる。

　このように拡張されたマルチスピーシーズは、六〇年代以降のフランス思想とも関連する。そこでは一面では、ソシュール―ラカン中心主義的な「意味」は批判され、シニフィアン的な世界理解というよりも、パースを介した自然主義的な議論が重視されていたからである。

　こうしたコーンの議論を、パース的な記号論の独自の利用と、さらにコーンがこだわった「形式」という「超自然的」ともいえる原理に焦点化しながら検討していきたい。

イコンとしての世界

フィールドとするエクアドル奥地、アマゾン川流域のアヴィラの人々の記述において、コーンはさまざまなマルチスピーシーズ的事態を記述していく。その際に、まずとりあげられるのが、パースの第一性としての世界、すなわちイコンとしての世界である。

　よく知られるように、パースはその独自のプラグマティシズムの展開において、第一性（情動）、第二性（抵抗・他性）、第三性（関係性・法則・習慣）という区分をなし、それぞれにイコン・インデックス・シンボルという記号のあり方を付していた。デリダやドゥルーズ以降の現代思想論者がパース的な概念を利用するのは、ソシュール的なシニフィエ／シニフィアンによる記号概念が、ジャック・ラカンの精神分析理論において「父の名」として語られ、まさしく「オイディプス的」で「人間的」な言語の語り方になっていた事情がある。*8

　パースの記号論は、パース自身がのべるように、はじめから「人間精神」を前提とするものではない。パースにおいては、世界や自然がそもそも記号の体制であり、そこで記号が自己生成してい

*8　もちろんソシュールにかんしても、パトリス・マニグリエの業績など、ポストモダン的な読みなおしが進んでいることも確かである。Cf. P. Maniglier, *La vie énigmatique des signes*, Éditions Léo Scheer. フランス現代哲学の論脈におけるパースの特殊なもちいられ方はソシュール言語学およびそれをもとにした構造主義に対抗する意味が強く、この点は改めて考察されるべきことだろう。

く過程において人間の精神の働きが生みだされると描かれる。ポストヒューマンが喧伝される現代思想の論脈において、こうしたパースの記号論が重視されることは、理解できないことではない。

とはいえ、パースの記号論においても、とりわけその第三性（関係性・法則・習慣）に該当するシンボルについては、まさに「人間的」なものと考えられるだろう。そうではあれ、シンボルが、イコン・インデックスという記号の連続的な生成においてとりだされることも確かである。

パースの議論に対するコーンの評価はきわめて高い。コーンは『森は考える』の第一章「開かれた全体」のプロローグで、情動（feeling）にかんする、パースの「否定性」なき第一性の記述を引用する[*9]。それは「ツプ」という、不思議な音声にかんする議論へ接続される。その議論は、狩りにおいてクビッワペッカリー（イノシシの一種）を撃ったとき、「傷ついたその獣は小川に走っていき、そして……「ツプ（tsupu）」[*10]」という記述からはじまる。この「ツプ」という言葉が詳しく検討される。

ツプ、あるいはときどき発音されるように最後の母音がひき延ばされ気音になるツプゥゥゥ（tsupuuuh）は、水のかたまりに接触し、そのなかに浸入するものを指示する。池のなかに投げこまれたおおきな石、あるいは川のよどみに突っこんでいく傷を負ったペッカリーという身の詰まったかたまりを考えてみてほしい[*11]。

この地で話されているキチュア語も、それ自身は複雑な文法性をもっている。だがキチュア語にとっても「ツプは、言語に見られる一種の傍言語的な寄生物」であり、パースがいうように「それ自身肯定性をもつ」ものでしかない[*12]。だが「ツプ」は確かに記号であり、キチュア語について何も

＊9 Kohn, op. cit., p.27.

＊10 Ibid.

＊11 Ibid. 以下、同書からの引用は基本的に奥野ほかの邦訳（亜紀書房、二〇一六年）にしたがったが、場合によって表記など改めた点もある。

＊12 Ibid., p. 28.

知らないわれわれにも「ある程度同じようにツプをとらえる」ことを可能にする。[13] それは感性的世界における音響的なものであるが、同時にそれ自身記号として「もち帰る」（先の議論は、マニオク・ビールの飲み会で語られたことをもとにしている）ことができるものである。コーンはこの他にも「タ・タ」（木を倒すイメージ）や「プ・オー」（木が倒れるプロセス）という事例をとりあげる。[14] それらはまさに「生ある記号」としての「イコン」であり、それ自身としての「肯定性」において、まさにパースの第一性が示すような、情動的かつ潜在的なものとされるのである。

ほかの箇所でコーンは、自らがエクアドル低地にフィールドにいき、想定した通りにことが進まず、現地の人々が呑気にしているなかで、次第に現地のひとと世界認識がずれてきて、自分自身がある種の「パニック」に陥る経験をとりあげる。[15] コーンは不安な一夜を過ごすが、翌朝「灌木のなかでフウキンチョウが餌を食べている」のをみたとき、突然ある変化を感じ、「生命の世界に戻った」と記す。[16] このパニックについてコーンは、「暴走するシンボル的思考」が「身体が通常は与えてくれるはずのインデックス（＝指示）的接地」から根本的に切り離されたからだと考察する。[17] 身体感覚そのものは記号過程であるが、そこで「フウキンチョウ」をみることにより、周囲の人々とずれて暴走したシンボル的な位相が、インデックスとイコン的な情動を通じて世界に接地する。それにより、通常はインデックス・シンボルと「入れ子」[18] になりながら存在するイコンが、もっとも原初的なもの、世界とのかかわりの根幹をになうとされる。

コーンがとりあげる別の事例は、アマゾンに棲息するナナフシについてである。ナナフシはいうまでもなく木の枝に擬態し、それにより捕食者から身を守る。これ自身はナナフシの進化のなかで、そしてナナフシの捕食者との関係において成立した進化的事態であろう。だがナナフシの存在はきわめてイコン的である。それは「記号過程は、本来の類似性あるいは差異の認識からはじまる

＊13 Ibid., p. 29.

＊14 Ibid., p. 30.

＊15 Ibid., p. 45–48.

＊16 Ibid., p. 47–48.

＊17 Ibid., p. 49.

＊18 Ibid., p. 50.

のではない。それは差異に気づかないことからはじまる」という事情そのものを例示する。[19]このことはイコン性（情動性＝潜在性）がもつ「記号過程の縁[20]」というあり方を鮮明に明らかにする。すなわち、すべての記号はシンボルでもインデックスでもあるのだが、もちろんイコンでもあり、イコンであることがインデックスを通して、われわれを世界に接地させるというのである。

ナナフシは、普通はナナフシとは気づかれない。それはイコンであるが、進化の創発過程のなかで枝に擬態することで、インデックスでも、創発的に自己形成するシンボルでもありながら、自然的創発の、潜在的でみえなくなるイコン性を基盤として成立するとされる。「パニック」はこうした入れ子的事態が攪乱される一例にほかならない（つまり、「シンボル」が、それだけで切り離されて暴走する）。

ついで、ルナ・プーマ（＝ジャガー人間）という、この書物の基本となる部分の議論へと移ろう。

*19 Ibid., p. 51.
*20 Ibid.

ルナ・プーマ＝ジャガー人間

この本におけるいちばんの根幹をなすのは「ルナ・プーマ」＝「ジャガー人間」という、アヴィラ族がとりわけ強くもつ考え方である。ルナとは現地語で「人間」のこと、「われわれ」のことである。プーマは「ジャガー」のことであるが、同時にそれは「捕食者」一般を意味しもする。[21]ルナ・プーマはまさしくジャガー人間として、マルチスピーシーズ的に、人間と動物を混交させた主題である。こうした一連の議論は、コーン自身が記すようにデスコラのアニミズムや、パースペクティヴィズムの観点からまさしくジャガー人間のあり方を論じるヴィヴェイロス・デ・カストロの

*21 Ibid., p. 93.

議論を下敷きにしている（ルナにかんする記述については翻訳二七二頁などを参照されたい。[22]またよりヴィヴェイロス・デ・カストロに近い、互いを食べる＝カニバルという「物質的交換」については翻訳一八八頁周辺を参照されたい）。[23]また、アニミズムについてコーンは、現地人、人類学者がどう考えるかではなく、まさに「森はいかに考えるのか」という立場をとるとのべる。[24]それは先ほどのナナフシにかんする議論とつながりもする。ナナフシの進化は、まさに自然のなかでの創発である。そしてより人類学的な問題にかかわる人間とジャガーにかかわる事態も、つねにそれを包括する「森」のシステムのなかでとらえられることになる。

コーンにおいてさらに着目すべきは、ルナ・プーマの検討においてさまざまな死者が出現することである。それらが、「夢」という事例と深く関連していることも注目すべきである。

ジャガー人間は曖昧な生き物である。一方でそれは他者―獣や悪魔、動物、敵であり、他方は生きている親族に対して強い感情的なつながりと義務の感覚をもつパーソンである。[25]

それゆえ、ジャガー人間に、アヴィラのひとはさまざまにあいまいな事象をみる。

最近亡くなったヴェントゥラの父のプーマは、息子が飼っていた鶏を一羽殺した。ベントゥラはこの出来事に怒りを覚え、さらに今ではジャガーとなった父がなおも自分を息子だと考えているかどうかを疑った。[26]

その際、ヴェントゥラは森に向かって父に大声で叫ぶ。もし自分が息子であれば、自分の鶏を殺

*22 Ibid., p. 155-156.
*23 Ibid., p. 107.
*24 Ibid., p. 94.
*25 Ibid., p. 108.
*26 Ibid.

すのではなく、ジャガーとして狩りをすべきではないかと。そしてその後、ジャガーが獣の死体をひきずってヴェントゥラのもとに届けたとき、そこで死者―動物―人間という、まさに生死を超えたマルチスピーシーズ的な連関が完成することになる。

ヴェントゥラは両手を使って身振りを交えながら、ついにみつけた獲物をこう描写した。

ここから上はすべて、食べられていた、
だが両足はまだ食べられていなかった。

父のプーマは息子に極上の切り肉を残しただけではなく、まるで婚礼に招かれた親族に贈られる燻《いぶ》し肉のように、切り肉を包んでもいた。*27

これだけではたんなるアニミズム譚と読まれるだろう。だがコーンの議論のポイントは、これに「イコン的自然」をただちにかさねあわせることにある。つまり、死者と認識されるジャガー人間に対し、それと遭遇する際、まさにイコンの連鎖が現れるのである。
それについてはファニクを主人公とする別の事例に詳しい。

狩猟に出かけたある日、ファニクはジャガーに偶然出くわした……次のように、まさにイコン的な音響的イメージの直列的な連鎖によって、彼はその出来事を再現した。

*27 Ibid., p. 109.

tua（ツァ）
（巧く発表された銃）
tsi'a（ツィオー）
（撃たれたジャガーの発声）……[28]

こうしてジャガー人間への狩りは半分成功するが、その夜に夢で、ファニクは死んで久しい「代父」に出会い、彼が「アァー」とやはりイコン的な音声を発するのを聞く。それはジャガーを撃ったため、歯が砕けた代父が「これでどうすればいいんだ」と問いかけてくることでもある[29]。だが、ファニクにとって、そこでのルナ・プーマは、代父でもありまたそうでもない「不思議な生き物」なので、それを撃ったことに「自責」の念はないという。そこでは「ファニクに語りかけたルナ・プーマは自己であり、彼が狙撃したそれとまったく同じ者はモノである[30]」という、まさにパースペクティヴ的論理が提示されるからである。「われわれ」もまた捕食者に転換するのだから。

またイラリオとその家族が、ジャガーに飼い犬を食い殺される場面も重要視される。その際も、飼い犬が殺されたとき、家族の皆が夢のなかでイラリオの死んだ父の「夢」をみる（「夢」は人間を通過し、自然との無意識の混交を示す装置であるかのようだ）。それは凶暴な獣となって生者とコミュニケーションをとる父である（これは悪魔とされる）。だが同時にそこでイラリオの息子がみた夢では「笑い声」を誘発する懐かしい最愛の祖父がでてくる。こうした死者の悪魔性と、愛情に満ちた触れあいとは、ジャガー人間においては「同一」のこととされる。ここでもポイントは、情動的な第一性であり、シンボル化され固定されえないそれ自身の「肯定性」にある。生者と死者との区分もあいまいになる。霊魂、捕食、夢、それらが一連の記述のなかで混ざりあう。

*28 Ibid.
*29 Ibid., p. 110.
*30 Ibid.

さらに夢は家族だけではなく、犬にも拡張される。それもまたツプと同様に、イコン的な音声をもつ。

もし飼いイヌが、寝ているときに「ゥアッゥアッ」と吠えていたのであれば、それはイヌが獲物を追いかけるときの吠え声だからである。それに対して、その夜「クアイ」と吠えていたのであれば、そのことは翌日にジャガーがイヌを殺害することの確かな知らせであった……ところがあの夜、イヌたちはまったく吠えなかった。[*31]

*31 Ibid., p. 131.

これは人間とジャガー人間のあり方に、イヌも包括されることを意味する。「ジャガー人間もまたイヌである」[*32]。ルナ・プーマとは、われわれでありジャガー（われわれであるジャガー）であるが、それは死者でもありイヌでもある。

*32 Ibid., p. 138.

イコンとしての森全体の共鳴的事態をとらえながら、人間も動物も植物も死者も、相互に連関したコミュニケーションのなかにいる。イコンがインデックスやシンボルに自己生成するとき、それは「人間の精神」を生みだす。しかしそれ以前に、イコンの織りなす世界のなかで、捕食や夢といった事例において、人間もジャガーもイヌも死者も等価交換的に同じ世界を生きる事情が提示されているのである。

形式（form）という論点

パースの記号論と、ヴィヴェイロス・デ・カストロによる捕食やパースペクティヴィズムによるアマゾンの思考を駆使し、限定された種間や生態系におけるだけではない「拡張されたマルチスピーシーズ」の議論をなすコーンにとって、この書物をとりまとめるキーワードは「形式」にほかならない。「形式」（form）という一見とりとめもない言葉が、パース的な記号の自己生成論の根幹におかれる。

序章の段階から、コーンは以下のように記している。

形式は人類学にとってあつかいが難しい。精神でも機械でもないそれは、私たちが啓蒙主義の時代から継承する二元的形而上学……一般的に人間的なるものの領域へと追いやるようになった意味・目的・欲望――に容易に合致することはない……そこで、生命を超える型が生命を通じて利用され、育まれ、増殖されるという事実にかかわらず、そうした型が増え拡がることの奇妙な特性を論じよう。非常に多くの生命形態で満ちている熱帯林において、これらの型は、かつてない程までに増殖する。[*33]

ここでコーンは「形式」を「概念構造」「プラトン的なイデア」などではなく、テレンス・ディーコンの言葉を借りて「形式動態的」な過程であるという。[*34]それは、人間も生命も超えた増殖する何かであるが、精神ではないからといってモノでもなく、「感知できる他者性」を欠いているという（つまりパース的な第二性ではない）[*35]。だが、そうした形式によってこそ、夢やそこでの死者を語る民族誌を理解できるようになるとされる。コーンが『森は考える』の第五章に「形式の労なき（effortless）効力」と記していることは、その重要性をきわだたせる。さらにそこでレヴィ＝ストロースに言及することは、『神話論理』における動態変容としてしか語られない「構造」を想起さ

＊33　Ibid., p. 20.

＊34　Ibid.

＊35　Ibid.

せる。

実際に、コーンが「形式」という言葉を利用する箇所をみてみよう。

> 私の夢そしてルナの人々の夢で、アマゾニアの森の生態学と人間的経済とが同列《アラインド》になるように促すものは、各々の体系が共有する型や形式である。そしてこの形式とは、これらの体系に人間が押しつける認知図式や文化的範疇以外の何かの帰結である。*36

そしてコーンは、解釈としてパースの「実在論」（実念論とも訳しうるもの）を実に正当にとりあげ、以下のようにのべてもいる。

> つまり、形式とは、それが生きているのでもなく、何らかの思考でもないという事実にもかかわらず、ある種の一般的実在なのである。*37

パース的な意味でのイコン、インデックス、シンボルという記号過程において創発されるわれわれの生や身体や魂は、それ自身記号過程の産物とされるのだが、コーンにおいて、パース記号論の「実在論＝実念論」を経由することで（それはドゥンス・スコトゥスとウィリアム・オッカムによる普遍論争をずらした位置にある）*38、記号過程が示すものには実在の位置が与えられる。そこでの「形式」とは、人間も動物もその生命をも超えたものである。そしてイコンこそがその実在への着地にとって重要であることはいうまでもない。

具体的にはコーンは、以下のように語る。

*36　Ibid., p. 155–157.

*37　Ibid., p. 159.

*38　ここでのパースの「実在論＝実念論」にかんする議論については、拙著『バロックの哲学』（岩波書店）の第七章を参照されたい。この論点を提示することで、コーンがパースの「記号分類」を恣意的に利用しているのではなく、むしろその哲学的射程を明確にとらえていることがわかる。

アマゾニアにおいて創発するそのような生なき形式とは、これから議論するように、河川のパターン化された分布と、河川のなかに生じる、回帰し循環する渦のかたちを含む。[39]

こうした記述はマルチスピーシーズの、とりわけチンなどの記述に特徴的なように、人間の行動（経済と資本の構造）と生態系とのかさねあわせに近いものがある（奥野の『思想』論文[40]も、それを独自になしたものであろう）。コーンの場合は、ゴム・プランテーションが、アマゾンの諸地域を征服したのちに、それが東南アジアのプランテーションの形式に落としこまれると即座に終息したという事実、そこでの水の分布が「特殊な型」すなわち「形式」に従っており、ゴムの木と、アヴィラの人々と、水とゴム経済は特定の「型」のなかで成立した事情が記述される。[41]

アマゾン河水系のネットワークは、形式を通してゴムが活用される方法にとって決定的となる付加的な規則性を示す。すなわち、尺度を問わない自己相似性である。つまり、沢が枝わかれする様相は、細流が枝わかれする様相に似ており……。[42]

こうした記述はついで、シダ類の葉脈のあり方、流木の絡まり、ゴムの採取にかかわる人の流れ――アヴィラはゴム・プランテーションの経済の形式のなかに押しこまれる――にまで拡がっていく。アマゾンの河川から、そこでの葉脈、ゴム栽培と人の流れまで、ある「形式」においてとらえられることになる。

そこでは再度ナナフシのイコン性が語られもする。ナナフシは、まさに枝とみまがうその進化の

＊39 Ibid., p. 159.

＊40 先の注6を参照のこと。

＊41 Ibid., p. 161.

＊42 Ibid., p. 162.

あり方において「気づかれない仕方で」小枝と昆虫とをむすびつけながら拡がっていく。だがそれは「イコン的」なものが何かのシンボルであるものに従属せず拡張することの積極的な提示である。コーンがレヴィ゠ストロースとフロイトの無意識を、こうした自己増殖する形式の例としてあげていることも、きわめて重要な事象におもえる。いうまでもなくフロイトにとっての無意識の特権的な事例は、あくまでも「夢」であったのだから。

さて、こうした「形式」とは何であろうか。この問いは、コーン自身にとっては無意味なものかもしれない。われわれが何かを問うこと自身が、こうした生命を超えた「形式」の産物としての精神によるのだから。

私なるものは形式の内部にいるのであり、歴史の外部にある。[*43]

こうして描かれるコーンの「形式」とは、「野生の森」(selva selvaggia)[*44]において、つねにすべてを「超える」とされ、「私」「民族」「歴史」はそこから記号過程において産出されるものにほかならない。

*43 Ibid., p. 213.
*44 Ibid., p. 128.

暫定的結論

パースの記号論を援用し、それを生命を超えるものとしての「形式」にむすびつけるコーンの議論は、それ自身レヴィ゠ストロースの『野生の思考』における野生(selvaggia)のシステムを、つまりそれとラテン語起源を同じくする「森」(明らかに言葉遊びである。ただしそれは、植物が形成する森ではなく、植物も無生物も死者も含む森である）において働く「構造」の「動的」なあり方を、レヴィ＝ストロースをひき継いで超えようとする試みとおもわれる。ある種のアニミズム的自然主義と、二一世紀的な唯物論の接合が、レヴィ＝ストロース的な動的な構造の先にとらえられる。そしてこうした記述により、コーンはチンと同様に、人間の諸活動や、そこでの人工物をも、モノや自然物と同等の仕方であつかい記述する術を獲得するともいえる。

ただし、これらの議論には幾分かの吟味が必要なことも確かだろう。そのポイントはまさにこうした「形式」自身が、自然をも、魂をも乗り越える超越（＝超自然）として働いていること（だがそれは、ドゥルーズの意味で徹底的な「内在」であるはずである）をコーンがどうとらえなおすのかにある。レヴィ＝ストロース、ドゥルーズとガタリ、ヴィヴェイロス・デ・カストロとつながられた「野生の構造性」の「脱植民地的思考」の一ヴァージョンが、コーンの記述にみてとれるとしても、問題はやはりレヴィ＝ストロースやドゥルーズならば問うていたその存在論的位置にあるのではないか。

その際、コーンによるパースの援用が、とりわけそのイコン的なあり方、その感性的な位相にパースそのものから逸脱するかたちで重きをおいていることが論点になるだろう。「形式」もまた、イデア的な観念性ではなく、それ自身が自然と人間を貫く何かであるのならば、そこではあくまでも人間的なものととらえられがちなシンボルや、他者性や指示を重視するインデックスではなく、世界そのものと密着したイコンそのものが、「形式」とかかわる論点を深められなければならないはずだ。そこにおいて、『神話論理』でのレヴィ＝ストロースの「感覚の論理学」をさらに展開させるとも読めるコーンの試みはきわだつはずである。動植物とのマルチスピーシーズのみならず、死者との身体性を超えた関連を、しかしパニックの位相においてみられるようにあくまでも感性的基盤に基づきつつ描ききるためには、こうした思想的連関をより多層的に考えることが課題となるのではないか。

生命と「形式」——生命論から非人間主義のかなたへ

奥野克巳

1　生命をめぐる人類学

二〇二一年一一月、青森県・下北半島の原子力発電所関連の現場を視察した。原発により発生する核のごみ（高レベル放射性廃棄物）の最終処分場選定に向け、日本国内でも二〇二二年現在、北海道の二つの自治体で「文献調査」が進められている。

核のごみの放射線レベルが安全なレベルに戻るには、一〇万年もの月日が必要とされている。マイケル・マドセン監督のドキュメンタリー映画『一〇〇、〇〇〇年後の安全』（二〇一〇年）では、フィンランドのオルキオト島の地下で進められている、高レベル放射性廃棄物を隔離する「地層処分」場が扱われている。その地層処分場は、フィンランド語で「洞窟」あるいは「隠し場所」を意味する「オンカロ」と呼ばれている。

人類がもはや存在しないかもしれない時代の住人たちのことを、ここでは仮に「ポストヒューマン」（人間以後の存在）と呼んでおこう。映画の中で、マドセン監督は何度も、一〇万年後のポストヒューマンに語りかける。

地下五〇〇メートルに核のごみを埋めて、その施設すら地中深く隠してしまう計画の驚くべき長いタイムスパンのうちには、現存する人間たちによって戦火がもたらされるかもしれない。人間以外の要因、例えば地震などの地殻変動だって起きる可能性もある。一〇万年後に地球上に住んでいるポストヒューマンが、何らかの理由からオンカロを掘って、危険に到達する恐れもある。

しかし、そのポストヒューマンが誰かということは、私たちには分からない。はたして、現存する人類は、そんな遠い未来の地球上の住人に対してまで、何らかの責任を持つことができるのだろうか。あるいは、責任を負うべきなのだろうか。

一〇万年後の未来ではなく、逆に一〇万年前の過去に想像力を働かせてみよう。今から一〇万年前というと諸説あるが（小規模な移動は一二万年前、大規模な移動は五～六万年前）、人類の祖先がアフリカからその外へと移動しはじめていた頃である。同時期のヨーロッパには、ネアンデルタール人が暮らしていた。それは、絵画や彫刻などの芸術作品が生み出され、宗教が誕生したとされる今から約五万年前よりも、倍以上古い時代である。

当時の地球上の住人たちは、現代の人間の知性や行動特性については想像できなかっただろう。同じように、今から一〇万年後の、ポストヒューマンたちの知的能力や行動特性はもちろんのこと、その姿かたちさえ、私たちは予想することなどできないはずだ。

こうしたことに思いを巡らせてみれば、核のごみの最終処分場の問題は、二〇万年前に地球上に誕生した現生人類が、エネルギーの安定供給を必要とする社会をつくり上げた果てに、自分たちでは処理することのできない残余を、一〇万年後の未来に対して投げ放とうとする振舞いであることに気づく。そのドキュメンタリー映画は、原発に賛成であるとか、反対であるとかいう問題を超えて、より深いレベルにおいて、今日の人類が何をしようとしているのかを改めて思い起こさせてくれる。

そんなSF的な展望から振り返れば、生命に関して人類学が語りうるのは、人間を含めた生命の「今とここ」だということになるだろう。生命がどのようなものであるのかについて、人類学者が語りはじめることができるのは、まずは、フィールドで出会う生命の現実からである。まずは、マレーシア・サラワク州（ボルネオ島）のブラガ川上流の熱帯雨林に暮らす狩猟民であるプナン社会におけるフィールドでの経験を粗描することからはじめてみたい［奥野 2016］。

テナガザルのグレート・コールが遠くの森から響き渡る朝の狩猟キャンプ。その声から、プナンはテナガザルだけでなく、森の生き物たちが活動しているさまを察知すると、ハンターたちは森の中に狩猟に出かける。

やがて、テナガザル鳥がけたたましく鳴いている場所の近くに達する。テナガザル鳥という名はテナガザルとセットになった鳥の名前である。プナンはテナガザル鳥が鳴いている方向目がけて一目散に走っていく。というのは、テナガザル鳥がいることは、獲物のテナガザルが樹上にいることの記号だからである。

しかし、急いで駆けつけたハンターは、テナガザルが長い手を使って枝を渡って去っていくのを目の当たりにするだけで、テナガザルをしとめることはできないだろう。テナガザル鳥という鳥の名の中に、猟の不首尾が予示されている。プナンにとってテナガザル鳥とは、テナガザルの命を助けるという意味が込められた鳥である。

プナンはいう。テナガザル鳥は人間が近くにやって来るのを上空から眺めて、けたたましく囀《さえず》って、テナガザルに逃げるように促すのだと。生態学的には、果実を食べるテナガザルとテナガザル鳥は樹上で交わる。テナガザルは、食餌中にテナガザル鳥がけたたましく囀るので、その喧《やかま》しい鳴き声に苛立って、その場から立ち退くのだ。

このことは、人間が狩猟に出かけると何ものかに邪魔されて、獲物が得られないことを示している。テナガザル鳥の命名と同じように、リーフモンキーという名を冠した鳥もいる。リーフモンキー鳥は、リーフモンキーの命を救うために囀るのだとプナンはいう。

その他にも、アオハシリカッコウも、動物の命を救う鳥だとされている。アオハシリカッコウは、ガーガーとうるさくがなり立てて、人間が近づいてきていることを、樹上から落下した果実を食べている最中のヒゲイノシシに知らせて、命を救うのだという。

このようにプナンは、森の中では、人間が他の生き物よりも特権的な位置に立つのではないことをよく知っている。非人間（鳥）が人間のことを見ていて、危険にさらされている非人間（猿や哺乳類）に告知し、人間の目論見を破壊してしまうことがあると認識している。プナンは、鳥にテナガザル鳥やリーフモンキー鳥と名付けて、人間にとっての非人間のままならなさを刻み付けてきたのである。

こうした民族誌の中の生命をめぐる現実を踏まえて、人類学は生命をいったいどのように語りうるのだろうか。さらにその先に、人類学はどのような展望を抱くことができるのだろうか。本稿では、こうした問いを考えていくための予備的考察を進めてみたい。

檜垣立哉は、人間を超え出ていく哲学のあり方を「非人間主義」＊1と呼んで、検討の俎上に載せている。今日の人類学とも深く交差する非人間主義の文脈で、生命論を踏まえて、非人間主義のかなたに、人類学が今何を主題とし、何に向かおうとしているのかを書き留めておくことが、本稿の目的である。

つづく第2節では、吉本隆明の生命論を取り上げる。第3節では、その内容と並行的に人類学においてなされている議論として、エドゥアルド・コーンの「生命の人類学」を取り上げる。それ

＊1　檜垣は、日本記号学会第四一回大会における「森やキノコの人類学と哲学——コーン『森は考える』、チン『マツタケ』から考える」と題する口頭発表の中で、一九六〇年代を起点として、フーコー、デリダ、ドゥルーズらによって、二〇世紀末か今日に至るまで、「非人間主義」が大きな思考の流れとして形成されてきたと述べている。その流れは、ドゥルーズやレヴィ＝ストロースを介して、やがて人類学に流れ込み、コーンやチンへと至っていると見ている。そしてそこでは、「動物」だけではなく、「植物」「菌糸」や「もの」の存在を引き上げて、それらと人間を同格的なエージェントとして扱う方向へ修正してきているという。

は、確かに記号論の中で非人間主義を扱っているが、一方で、その先に向かって議論を進めている。それが、コーンのいう「形式」である。第4節と第5節では、コーンが提起した「形式」とは何かをめぐって検討を加える。こうした流れを踏まえて、生命記号の先に、生命論から非生命主義のかなたへと進みつつある「人間的なるものを超えた人類学」の意義を検討する。

2　吉本隆明の生命論

まずは、人文学全般における生命論の傾向を探ってみよう。一つの手がかりとして、吉本隆明の一九九四年の「生命について」と題する講演の記録を取り上げてみたい［吉本 2015］。

吉本は、一九八〇年代以降に遺伝子に関する研究が盛んになったことと、人間だけでなく、動植物を宇宙論的に考察するエコロジカルな生命論が現われてきたことが、生命をめぐる議論に拍車をかけたという。それらの生命論は、人は何のために生命を投げ打つことができるのかという「覚悟性」の問題を考えていた戦中派の吉本にとっては新鮮に感じられたという。吉本の生命論は、⑴解剖学者・三木成夫に影響を受けた思索と、⑵三木のアイデアから引き出された人間とその他の生物の連続性のもとに、意識や精神性の次元に分け入ろうとする独自の思索に二分される。

⑴第一に、吉本による三木の生命論の検討である。三木は、生命現象の「螺旋」運動と「リズム」に注目する。例えば、シャケには、海洋で回遊して栄養を取って成長する位相（食と成長の相）と、川を遡って生殖して死に至る位相（性と生殖の相）のリズムがある。さらに人間にはそれらについて考えるというもう一つ別の位相がある。人間においては、「食と成長の相」と「性と生殖の相」という二つの位相の間の境界が曖昧だと吉本はみる。

三木によれば、人体を解剖学的に眺めてみると、一方で、自律神経で動く胃、腸、心臓、肺などは「植物神経系」で、腸管が枝分かれして臓器につながっている。他方で、目、耳、鼻、手、舌などの感覚器官は「動物神経系」で、それを動かしている中心が脳である。この二つの系統に対して、人間は人体を解剖して知識を得ているのだとすると、人間は「植物性」と「動物性」と「人間性」からできているのだと吉本は主張する。

こうした生命の連続性の観点からは、岩石とか無機物のように、意識や精神性が全くない存在があり、植物にはそれがややあるとみた方がいいと吉本はいう。植物には、環境を良くしてやれば生育しやすいとか、肥料を与えてやれば成長しやすくなるというように精神性がある。そのように、意識や精神性は人間だけが持っていると考えないほうがいい面もあると吉本はいう。吉本にとって、生命あるものはみな意識を持っていて、それには連続性があると考える見方は有用である。

三木は、人間の原型探究の学であるゲーテの形態学から出発し、胎児の発生過程を微細に観察することを経て、「「生命」とは、生活の中にではなく、森羅万象の〝すがたかたち〟の中に宿るものである」［三木 2019: 13］という見方を提起した。その上で、「植物で微睡《まどろ》んでいた肉体と心情は、まず前者が動物で目覚め、ついで後者が人間で目覚める」［三木 2019: 18］と述べている。肉体が動物で、心情が人間で目覚めるのだという。そう述べる時、三木もまた生命の根源に触れていた。吉本の生命論は、三木の解剖学を基盤とする生命論に大きな影響を受けている。

⑵第二に、吉本による意識と精神性をめぐる生命論である。「生命について」の中で吉本は、生命論における倫理に関して、宮沢賢治やアンリ・ベルクソンなどを手短に検討した上で、日本中世の浄土宗系の宗教思想、とりわけ親鸞のそれを取り上げている。ここでは吉本が、三木が「かなり余計な影響を受けている」［吉本 2015: 109］と評し、「生命は永続的だということに近い考え方」

［吉本 2015: 109］をしていると捉えたベルクソンの生命論に触れておきたい。三木を経由して、植物性、動物性と人間性という三相で捉える吉本は、ベルクソンからも少なからぬ影響を受けている。

　ベルクソンは『創造的進化』の中で、生命を弾みだと捉えている［ベルクソン 1979］。ベルクソンによれば、物質の抵抗を受けた生命の力は、三つの方向性を有する。定住とまどろみの中に沈む「植物」、特定の道具的機能を発揮する「本能」と、不完全で融通無碍な制作能力を持つ「知性」である。

　予見不可能性や偶然性を抱え、動物の行動を制御するのが神経系であるが、神経系から意識が生み出されたというよりも、意識という生命エネルギーが生物を生み、人間に至って意識は本来の自己を取り戻したのだと、ベルクソンは捉えている［金森 2003: 56］。ベルクソンの生命論とは、生命を、さらには宇宙を、不断の流れと捉え、人間をその流れのうちに位置づける時間的・進化論的存在論であると位置づけることができるだろう［市川 1991: 389］。

　端的に述べれば、ベルクソンにとって精神とは意識のことである。「すでにないものを記憶して、まだないものを予期すること、これが意識の第一の機能である」［ベルクソン 2012: 17］。意識は人間だけにあるのではない。「生きているものはすべて意識をもちうるのです。すなわち原理的には、意識は生命と同じだけのひろがりをもっています」［ベルクソン 2012: 20］。したがって、ベルクソンにとって精神現象とは、人間にとってだけでなく、生命にとっての本質に他ならない。

　吉本はこうしたベルクソンの考察をどのように捉えたのだろうか。吉本は、意識の問題は、現状では、諸学や宗教においてまだ十分に解くことができていないとみている。

　意識や無意識の問題や生前や死後の問題をうまく扱わないと、生命論は展開していく感じがしないともいう。吉本にとって、生命論とは、生命の誕生から人間への連続性の問題であり、意識の進化に深く斬り込むことなしには深められない主題なのである。

まとめよう。吉本は、「生命とは何か」という問いを、第一に、三木の独創的な研究を手がかりとして、生命全体で共有される、螺旋とリズムの特性および植物系と動物系の特性の中に整理した。その上で第二に、それらに収まりきらない人間に至るまでの意識や、全記憶が隠された、謎めいた精神原理である無意識、宗教の特異性にまで踏み込んでいった。

吉本は、人間に高度に発達した機能としての意識や無意識、生前の生命や死後の生といった課題を、他の生命との連続性において捉えるための糸口を私たちに示してくれている。三木やベルクソンに影響を受けた吉本の生命論が秀でているのは、意識や精神性を人間独自の問題として取り上げることから出発しながらも、それらを人間だけに限定せず、人間以外の動物や植物にまで拡張しようとしているためである。

3　コーンの生命記号論

吉本の探究は、人間はいかなる存在かという問いの探究の先に、人間的なるものを超えて、微生物から昆虫、動植物などあらゆる生命を視野に入れながら探究を進める近年の人類学の試みにもぴったりと重なる。その代表的なものが、エドゥアルド・コーンの提唱する「生命の人類学」(anthropology of life) である。それは、人文学と生物学を人文学的に和合させた、吉本の生命論に対応する人類学の動きである。

生命の人類学とは、「あまりにも人間的な世界を、人間を超えたより大きな一連のプロセスと関係性の中に位置づけるある種の人類学」［Kohn 2007: 6］のことである。ここでは、ゾウリムシの「繊毛」（cilia）の事例から、生命の人類学の射程を考えてみよう。

コーンによれば、「当該環境に関連する特性」が次世代に手渡され、その適応を組み込みながら、後続の世代の有機体は身体を作り変えて、発達させていく。その環境に関連する特性のことを、コーンは「記号の媒介物」（sign vehicle）と呼んでいる。

ゾウリムシが水中で受ける水の抵抗によって、繊毛の組織やサイズや形状や運動能力が決められていく。水に抗して、ゾウリムシは自らを前進させるからである。言い換えれば、「記号の媒介物」が手渡され、後につづく世代のゾウリムシによって解釈されることで、適応の結果として、繊毛の組織やサイズや形状や運動能力が決まっていく。そうだとすれば、周囲の環境をうまくとらえた有機体の系統が、環境に対する適応性に優れていることになる。そしてそのことによって、ゾウリムシという生命の存続が可能になる［Kohn 2007: 6］。

コーンは、こうした「記号」のやり取りを伴う生命現象を、『森は考える』の中でより詳細に論じている。『森は考える』の舞台となったエクアドル東部のアヴィラの森に棲息するオオアリクイは、追いつめられると相手にとって危険な動物になる。コーンによれば、あるルナの男性がオオアリクイに殺されかけたことがあった。ジャガーでさえも、オオアリクイを遠巻きにして近寄らないといわれている［コーン 2016: 131］。

オオアリクイは、もっぱらアリを食べる。長く伸びた鼻をアリの巣穴に差し込んで、アリを捕食する。アリクイの鼻と舌の独特な形状は、その環境のいくつかの特徴、すなわち、アリの巣穴の形状をとらえている。この進化的適応は、後の世代によって、この記号が関連するもの

（例えば、アリの巣穴の形状）との関係から解釈される限りにおいて、記号である（この際、解釈は意識や内省を伴うものではないため、非常に身体的なやり方でおこなわれる）。続いてこの解釈は、そうした適応を組み入れるようにして、後に続く有機体が発達させる身体のうちに現われる。この身体（とその適応）は、同様に、さらに続く世代のアリクイの身体が生じる発達に際して、次の世代のアリクイによってそのように解釈される限り、環境のその特徴を表象する新しい記号として機能する。［コーン 2016: 131］

「ゾウリムシの繊毛」の形状の形成と同じことが、ここでは「オオアリクイの鼻と舌」の形状の形成に関して述べられている。アリの巣穴の形状を「記号」として解釈したオオアリクイは、その適応を、それにつづく世代の身体のうちに生じさせていく。その意味で、身体とその適応は、環境の特徴を表象する「記号」なのである。

逆に、オオアリクイの鼻と舌が関連する環境特性を正確に捉えなかったものたちは生き残ることができなかったと考えられる。そのため、現存するアリクイは、環境の特性に対してより高い適応性を示していることになる。

こうした議論を踏まえて、コーンは、「生命とは記号過程である」［Kohn 2007: 6; コーン 2016: 132］と唱える。チャールズ・パースの記号の定義を援用しながら、「何かが誰かにとって何かを表す」という記号過程のダイナミズムがあれば、そこに生命があるとコーンは主張する。

コーンによれば、記号過程における「誰か」を「自己」と呼ぶ。「自己であるのは、脳を持つ動物だけに限られない。植物もまた自己である」［コーン 2016: 131］。「この「誰か」も「わたし」も人間である必要はなく、植物も動物も、周囲にある土や温度、湿り気、傾斜、他の生命などを記号として読み取って解釈し、再び自分の活動によって新たなものや出来事などを生み出して周囲を変えて新しく記号を生み出す」[福永 2018: 154]。

コーンによれば、「自己」とは以下のようなものである。

自己は解釈過程の起源であり、かつその産物でもある。それは、記号現象における中継点である。〔中略〕自己であることは、先行する記号を解釈する新しい記号を産み出す過程の帰結として、この記号論的な動態から出現する。[コーン 2016: 133]

コーンのいう「『自己』とは、もっとも基礎的なレベルにおいて、記号過程から生じる」[コーン 2016: 33]「記号論的自己」のことであり、その意味で、あらゆる生命(有機体)は、ある種の精神や意識を宿している存在であるとみなすことができる。

このようにして、コーンによって、解釈し思考する自己(記号論的自己)としての生命が立ち現れる。それと同時に、生命の精神性をめぐるメカニズムが浮かび上がってくる。福永真弓によれば、「誰かがわたしたちに先行して生き、わたしたちの周囲に記号をおいていく。その記号を解釈し、再び新たな記号を生み出してわたしは生き、少し先の未来のわたしが解釈できる新しい記号を生み出す。それが、記号論的にわたしたちが生命を生きることである」[福永 2018: 154]。

あらゆる生命にこうした精神現象が備わっていることを、記号論をつうじてみてとるコーンにそって、ここでは、もう一つ、彼があげる解釈(思考)するウーリーモンキーの事例を取り上げてみよう。

夕方、森の中で、イラリオと息子のルシオとともに、コーンは、熱帯林の林冠を動き回るウーリーモンキーの群れに出くわしたことがあった。一匹の若いサルが群れから離れてしまって、赤い幹の樹木の枝の中に身を隠した。その時、息子が撃ちやすいように視界の開けた止まり木にサルが移動するように、イラリオは傍のヤシの木を倒したのである。ヤシの木の倒壊音はウーリーモンキーを驚かせ、止まり木から立ち退かせることになった。

この出来事は、「何かが誰かにとって何かを表す」という意味で、「記号」である。この場合、この指標記号が伝えられる「誰か」は、人間ではなくサルである。それは、何が起きているのかはっきりしなかったものの、サルに何かが起きたのだと気づかせることになった［コーン 2016: 57–61］。ここにははっきりと、生命に潜む意識が捕らえられている。

コーンはいう。「記号は精神に由来しない。むしろ逆である。私たちが精神あるいは自己と呼んでいるものは、記号過程から生じる」［コーン 2016: 64］と。生命の中の意識や精神性とは、記号過程の結果ないしは産物なのである。

こうした「記号過程」の中の生命は、ベルクソンが取り上げるアメーバの事例を想起させる。アメーバは、食物になる物質に出会うと異物を呑みこむことのできる突起を伸ばして「選択」行動を取る［ベルクソン 2012: 22］。ベルクソンは、「意識の強度は、私たちが自分の行為に際してどれだけの選択をするのか、その場合の選択は創造といってもいいのですが、その大きさにまさに対応する」［ベルクソン 2012: 24］という。生物がこのように選択行動を取ることは、意識は生命と共通の広がりを持っていることを示している［ベルクソン 2012: 26］。

ベルクソンによれば、意識あるいは精神は、「進化の運動原理としてあらわれてくるばかりでなく、さらに意識をもつ生物そのもののなかで人間が特権的な地位を占めることとなる」［ベルクソン 2014: 219; 市川 1991: 396］。コーンの試みは、意識こそが生物進化の運動原理だというベルクソンの議論、意識や精神性が扱いえないと生命論は深まっていかないと説いた吉本の問題意識への人類学からの応答にもなっている。意識や精神性こそが、あらゆる生命の進化の原動力なのである。

4　似て非なる形式と構造

コーンは「人間的なるもの」を超えるだけでなく、生命へさらには生命が持つ意識や精神現象へと拡張する射程を示しえているように思われる。一〇万年後の「ポストヒューマン」の生命が何らかのかたちで存続しているとすれば、それもまた記号過程の中で生成するだろうということを予想させてくれる。

しかしコーンの議論の射程は、必ずしも、そうした生命論の枠内だけにとどまっているのではない。コーンが、そうした記号論的な生命論だけでは十分ではないとし、その先に見据えるのが、「人間的なるもの」のかなたにある特性としての「形式」である。

彼は「形式」に関して、以下のように述べている。

> 人間と非人間的な生命がますます絡まり合い、不確実な未来を共有するようになることを踏まえて、私の目標は、この問題を語ることができる方法で世界の特性から概念ツールを開発することを可能にする、人間を超えた世界に注意を向ける形式を見つけることである。そうするための私の方法は、民族誌的なものやその他の経験的な注意の様式を用いて、これらの特性の幾つかを利用し、それらが私たち自身を超えたところへと私たちを連れて行ってくれるように顕在化できるようにするというものである。〔Kohn 2014: 276〕

「形式」とは、人間を超えた世界に注意を向ける概念ツールなのである。それを用いて、私たちは、人間的なるものを超えた場所へと行くことができるという。

『森は考える』の中でコーンは、以下のように「形式」に関して問題提起を行っている。

なぜ、私の夢までも含め、森林的なものと飼いならされたもの——生態学と経済——の並行が至るところに現れるのか。そしてなぜ、キトのような場所が森の奥深くに位置するのだろうか。［コーン 2016: 274］

「一見すると共通点のないこれらの問い」を扱うには、「可能性に対する制約の何らかの布置が出現するしかたを、またこうした布置がある種の型に帰結するようにして世界で増え広がる特定の作法を理解することが必要である」［コーン 2016: 274］ともいう。つまり、「私が「形式」と呼ぶものについて理解することが必要である」［コーン 2016: 274］というのだ。

「形式」は、生態学と経済のようなものが並行して世界の至るところに出現することを扱う手立てとなりうる。それは、非人間主義あるいは、そのかなたにある世界の成り立ちを理解する手助けとなる概念なのであろうと思われる。

その点に関し、コーンはまた以下のように述べている。

記号過程は人間的なるものを超えた生きる世界の中にあり、それに属する一方で、形式も同様に、生なき世界の不可欠な一部であり、かつそれから創発する。［コーン 2016: 277］

端的に述べれば、一方で、人間以上の生の世界にあるのが「記号過程」である。他方で、生なき世界の不可欠の一部でありかつそこから創発するものが「形式」だというのだ。「記号過程」は、先述したように、生命の精神活動を支える仕組みであった。それに対し、「形式」は、それを超えて、世界のかなたからやって来るものなのである。

そう述べた後に、コーンは以下のように続ける。

つまり、形式とは、それが生きているのでもなく、何らかの思考でもないという事実にもかかわらず、ある種の一般的な実在なのである。〔中略〕生命を超えた世界において、ある一般の特殊な現れが現存するあり方を探査することで、人間的なるものを超えるさらなる一歩へと人類学を連れ出すこととしよう。〔コーン 2016: 277〕

「形式」とは、生きているのでもないし、思考でもないが、実在するものである。そのあり方を探査することから、非人間主義へと踏み出すことができるのだと、コーンは語っている。ここで見たように、コーンの「形式」概念は、有機体の間で行われる「記号」のやり取りとしての「記号過程」を超えて、有機体を含みながらも、生なき世界にまで視野に入れながら起きている現象を捉えようとするための概念である。

一見すると共通点のないものを結び付けることによって、可能性が制約され、ある種のパターンが出現するというコーンの言い回しは、クロード・レヴィ゠ストロースの構造主義の手さばきに似ている。「形式」は、着想と語彙の点で、レヴィ゠ストロースのいう「構造」に似ているように思えるのだ。そこで以下では手短に、「構造」と「形式」を対照させてみようと思う。

　第一に、レヴィ＝ストロースは、よく知られているように、シュールレアリズムに影響を与えた詩人ロートモレアンの有名な文句、「解剖台の上のミシンと洋傘の偶然の出会い」を、構造主義を説明するために取り上げている［レヴィ＝ストロース 1979: 48］。その句では、一見したところ共通性のないもの同士の、意外な出会いが語られる。

　つまり、フランス語の「ミシン」（machine à coudre）と「洋傘」（parapluie）が対比されている。洋傘は par a pluie、すなわち雨（pluie）を防ぐ（par）という形態素から成る合成語であり、言語的には両者は組成の点で対をなしている。ミシンは布地に働きかけて形を整えるものであり、洋傘は雨水に受動的に対抗する。ミシンは針を縫うために使うので下向きに設置されているが、洋傘はドーム型になった上部に付けられている。

　つまり、一見関係のなさそうな二つのものが解剖台の上に置かれて、偶然の出会いがテーマになっている。その句には、諸要素がばらばらに解体されて、それらの要素に潜む対比をつうじて、互いに歩み寄るかたちで相互に変形しながら、不変の特性が示されるという、構造主義の重要な考えが示されている。

　第二に、「可能性の制約」という点に関して。レヴィ＝ストロースによれば、科学的思考ではまず、具体的な要素を省いて、抽象的な概念を組み立てる。科学者やエンジニアは、概念をもちいて実験室で研究をしたり、製品を作ったりする。それに対して、「未開人」の思考は、「記号」をもちいるという。

　その上で、「可能性の制約」という語は、「野生の思考」を持った器用人（ブリコルール）のもの作りの作業を想起させる。器用人が資材から集める「記号」は、それまでの使用過程の中ですでに形づくられているため、可能性が制約される。器用人は、集めた要素同士の内的組合わせを変えて再配列し、新たな秩序のもとで構成し直すのである［レヴィ＝ストロース 1976］。

このように、「構造」と「形式」には、語彙や論理構成の点で共通性があるように思われるが、レヴィ＝ストロースとコーンの議論には、一つの大きな相異がある。主に、どの範囲で、その思考形態や現象を語るのかという点が異なっている。

レヴィ＝ストロースのいう「構造」とは、人間の思考形態の中に意識されないものとして隠されている秩序である。それに対して、コーンは「形式」という概念を出すことによって、人間の思考ではなく、人間以上の思考形態に踏み込んでいる。人間を超えて生きている存在に議論を拡張するだけでなく、生なき世界にまでさらに進んでいこうとしている。

つまり、「構造」は、人間の持つ思考形態に関わり、「形式」は、人間を含めながら、人間を超えた存在や現象のある種の「思考形態」としてのパターンや型を含んでいるのだといえるだろう。

5　非人間主義のかなたの「形式」

『森は考える』の後半部分でコーンは、「形式」を取り上げることによって、「生命を超える型が生命を通して利用され、育まれ、増幅されるという事実にもかかわらず、そうした型が増え広がることの奇妙な特性を論じよう」［コーン 2016: 40］と述べている。生命を超えて広がるパターンは、生命を有する存在によって利用されてますます広がっていく。

コーンは、そうした奇妙な特性を持つ「形式」について論じていこうというのである。つづけてコーンは、以下のように記している。

ここで「形式」という語をもちいて私が指示しているのは、私たち人間が世界を把握するための概念構造――生得的なものであれ、後天的なものであれ――ではないし、プラトン的なイデアの領域でもない。むしろ、奇妙であるがそれにもかかわらず型が生み出され増え広がる現実世界的な過程、つまりディーコン（Deacon 2006, 2012）が「形式動態的」と特徴づけた過程――生ある諸存在（人間であれ非人間であれ）が利用することで、その独特の発生の論理が必然的にそれらの存在に浸透していく動態――のことをいっている。［コーン 2016: 40］

「形式」とは、人間や非人間が利用することで、独特の発生の論理がそれらの存在に浸透していく、ディーコンのいう「形式動態的」（morphodynamic）な過程でもある。

エントロピーが増大し、秩序の維持に必要な制約が散逸する、平衡に向かって進み続ける「ホメオダイナミクス」（homeodynamics）に対して、何らかの制約が加わると、「モルフォダイナミクス」、すなわち形式動態が現われる。例えば、岩が水の流れの中の制約要因となると、渦が現われる。ここでは、何のかたちもないホメオダイナミックな状態ではなく、渦などのかたちが形成されることが、「形式動態的」という言葉で示されている［Deacon 2006］。

ここでは、コーンがあげるアマゾニアの森のゴムを手がかりとして、「形式」の論理を探ってみよう［コーン 2016: 279–287］。

パラゴムの木であれ、ラテックスを産出する種であれ、ゴムは、菌性の寄生生物の被害を免れるために、森の中に広く均等に分布するようになった。この事態を指してコーンは、ゴムが「自己相似」的な「形式」を持つようになったという。

河川は、上流から下流へと一方向に流れる。沢が細流へ、細流が支流へ、支流は大きな川へと流れ込み、やがてアマゾン河へと注ぎ込み、大西洋へと辿り着くまで、「自己相似」的な形式を繰り返す。ゴムノキも河川も、その分布においては、このように、「自己相似」的な広がりを見せる。また、支流が集まって流れる川は、ひとつの「タイプ」となり、支流を「トークン」とするという意味で、そこにはまた、「階層性」も発生する。

他方で、一九世紀末から二〇世紀初頭までの間にブームを巻き起こしたゴム経済は、ゴムノキと河川の分布に大きく依存しながら、成長していった。ゴムノキを探し当てるために河川を遡り、逆に、ゴムを下流へと流すことによって、「自己相似」的な動きを広がらせることで、ひとつのゴム経済のシステムが築き上げられていったのである。川の合流点にいるゴム商人は、上流の人々に対しては信用貸しを行い、下流の合流点にいるより豊かな商人に対しては債務を負った。そのような「階層性」による秩序が次第に増え広がっていったのである。

生命を超えた世界において、「形式」は創発する。ゴムノキと河川という二つの型の類似性を搾取し、それらに依存することで、型を連結しながら、アマゾニアのゴム経済は、上流の奥地の先住民をアマゾン河の河口の、さらには、ヨーロッパにいるゴム男爵へとつなげたのである。「形式」は、「自己相似性」と「階層性」をその特性としながら、可能性を制約することによって、増え広がっていく。こうした自己組織化は、河川やゴムノキの分布という無生物から、「人間的なるもの」の領域に至るまで広範囲に生じる。

「形式」は、あるパターンとして創発する。それは、非人間にも人間の中にもともに浸透するし、逆に、非人間や人間はそれを利用することになる。ゴムノキは、上流から下流が積み重なっていく過程で生み出される「階層性」に沿って、河川体系に従って「自己相似」的に増え広がったし、川の合流点にいる人間は、上流の人々に賃貸しを行い、下流からは債務を負うという「階層性」を発生させながら、アマゾンの水系ではどこでも同じようなパターンを示しながら「自己相似」的に広がって行った。

コーンはここで、人間と非人間がともに、それによって思考を促され、それが何であるのかを踏まえて、利用するようになった「何か」のことを想定しているように思われる。それこそが「形式」である。コーンの意図は、「形式」にまで踏み込むことで、非人間主義をさらにその先にまで進めようとすることなのである。

近藤宏によるインタビューに答えて、コーンは、レコーダーを森に持ち込んで、森の声に耳を傾けるという彼特有のフィールドの手法を語っている。そこからうかがえるのは、コーンの、「人間的なるもの」を超えて、非人間主義の全体性をいかに理解できるのかという問題意識である。コーンは、以下のように述べている。

深く考えている時は、その考えが他の人の深い考えと合致する。〔中略〕それはその考えが本当はわれわれの考えではないからなのです。それは、われわれが耳を傾けた世界から示されたものなのです。

コーンはここで、人間の思考そのものが人間に由来するのではない可能性に言及している。「形式」とは、人間や非人間の思考を超えて、それらに思考することを促し、行動を取らせる「何か」のことである。「我々が耳を傾けた世界から示されたもの」とは、その「何か」、すなわち「形式」のことである。そして、人間も非人間も同じように、その「形式」を利用する。そのことにより「形式」は、その「形式」をますます増殖させることになるという、実に奇妙な特性を有している。

コーンはまた、主に形式を論じた『森は考える』の「第5章　形式の労なき効力」でいったい何を目指したのかを、後に振り返って、以下のように述べている。

> この章では、「形式の労なき効力」と題して、私は記号論の範囲を拡張することよりも、言語のかなたにある一種の記号論の創発的な現実が、ほとんど理解されることのない非記号的かつ生なき現実へとどのように開いていくのかを調べることに関心を持っている。[Kohn 2014: 283]

「形式」とは、言語のかなたにある、一種の記号論的な現実だという。そしてここでは、彼の関心は、その現実を、記号論のない、すなわち生命の存在しない、生なき世界へと開いていくことにあるのだと語っている。

「森は考える」というのは、人間や非人間を超えた、より大きな次元における、「形式動態」の過程のことにほかならない。*2 森こそが、生命にかたちを与え、そのかたちを生命が利用することになる。そのように理解すれば、人間以上の、その先にある根の部分にあたるものを「形式」ないしは「形式動態」として取り出してみることは、人類学が非人間主義のかなたへと探究を進めていく上で、ひとつの重要な見通しを与えてくれるように思われる。

＊2　私たちは知らず知らずのうちに、思考を人間だけに限定してしまっている。人間だけが思考する存在であるという点を出発点として、世界を組み立ててきた。さらに、人間だけが思考するというその想定を非人間にも当てはめて、世界をつくり上げることに自己陶酔していると、コーンは主張する。

　私たちはいかに森とともに考えるべきなのだろうか。非人間的世界の中にある非人間的世界から生じた思考が、私たちの思考を解放するのに任せるには、私たちはいかにすべきなのだろうか。森は考えるのに良い。なぜなら、森はそれ自体で思考するからである。森は考える。[コーン 2016: 43]

　このことをまじめに受けとり、そして問うことにしようと、コーンは続ける。人間だけが思考するという見方を覆して、非人間を主体として、「森は考える」という見方をしてみようではないかと、コーンは呼びかける。そのようにすれば、人間であるとはいかなる

参考文献

（和文）

市川浩　1991　『ベルクソン』講談社学術文庫。

奥野克巳　2016　「リーフモンキー鳥のシャーマニック・パースペクティヴ的美学——ボルネオ島プナンにおける鳥と人間をめぐる民族誌」野田研一・奥野克巳共編著『鳥と人間をめぐる思考——環境文学と人類学の対話』勉誠出版、79-101頁。

金森修　2003　『ベルクソン——人は過去の奴隷だったのだろうか』ＮＨＫ出版。

コーン、エドゥアルド　2016　『森は考える——人間的なるものを超えた人類学』奥野克巳・近藤宏共監訳、近藤祉秋・二文字屋脩共訳、亜紀書房。

コーン、エドゥアルド／近藤宏（聞き手）　2021　「森の思考を聞き取る人類学」奥野克巳・近藤祉秋・ナターシャ・ファイン共編『モア・ザン・ヒューマン——マルチスピーシーズ人類学と環境人文学』以文社、135-156頁。

福永真弓　2018　「「人新世」時代の環境倫理学」吉永明弘・福永真弓編『未来の環境倫理学』勁草書房、141-159頁。

ベルクソン、アンリ　1979　『創造的進化』真方敬道訳、岩波文庫。

三木成夫　2019　『三木成夫　いのちの波』平凡社。

吉本隆明　2008［1997］「三木成夫『ヒトのからだ』に感動したこと」三木成夫『ヒトのからだ——生物史的考察』うぶすな書院、177-184頁。

吉本隆明　2015　「生命について」『吉本隆明〈未収録〉講演集２　心と生命について』筑摩書房、78-116頁。

レヴィ＝ストロース、クロード　1976　『野生の思考』大橋保夫訳、みすず書房。

レヴィ＝ストロース、クロード　1979　『構造・神話・労働』大橋保夫編、みすず書房。

ことかが、別の地平で見渡せるというのだ。コーンによれば、「森は考える」という問題設定が、そのことを行うのにふさわしい。

どのようにして森は考えるということまでも、私は主張しえるのだろうか。いかに人々は森が考えると考えているのかを問うことに、私たちは留まるべきではないのか。それは私のすることではない。代わりに、ここで挑発しよう。私が示してみたいのは、森が考えると私たちが主張できるという事実は、ある奇妙な仕方で森が考えるという事実から生まれている、ということである。これらの二つの事柄——この主張そのものと私たちがそのように主張できるという主張——は結びついている。私たちが人間的なるものを超えて考えることができるのは、思考が人間的なるものを超えて広がるからである。

［コーン 2016: 43］

「森は考える」といっても、それは、結局は、森は考えると人間が考えているということに過ぎないのではないか。しかしコーンは、そうではないのだという。森が考えていると、人間が考えているということをいっているのではない。森が考えているのだ。まずは、そこから出発しようとする。思考を人間だけに局在させるのではない。思考が人間を超えて広がるという事実が、森が考えるということを可能にする。

　コーンはこうした理路で、「森は考える」ということから出発しようと提言する。その意味において、「森は考える」の正体は、「形式」や「形式動態」なのである。

（英文）

Deacon, Terrence, W.　2006　"Emergence: The Hole at the Wheel's Hub," in P. Clayton and P. Davis (eds.), *The Re-Emergence of Emergence: The Emergenist Hypothesis from Science in Religion*, Oxford University Press, pp. 11–150.

Kohn, Eduardo　2007　"How dogs dream: Amazonian natures and the politics of transspecies," *American Anthropologist* 34(1): 3–24.

Kohn, Eduardo　2014　"Further thoughts on sylvan thinking," *Hau: Journal of Ethnographic Theory* 4(2): 275–288.

第Ⅲ部

記号論の諸相

データ表象のポリティクス——統計グラフはどのようにデータ資本主義の言説を構成するのか

伊藤未明

1　はじめに

ニュース報道やビジネス文書などで使用される統計グラフを、正しく理解することは容易なことではない。データグラフィックスの良し悪しは、「データを正確にわかりやすく伝える」という視覚化の目的に適しているかどうかで決まる。しかし、一体誰にとって、どのようにわかりやすくあるべきなのかは規範の問題であり、疑いもなくポリティクスの問題と関係している（Boehnert 2015）。

これまでデータグラフィックスに関する研究は、デザイン技法や認知心理学のような工学的関心のものを除くと、歴史的に重要な科学者、統計学者、デザイナーたちによる作図上のイノベーションを、専らデザイン史や科学技術史の観点から論じるものが多かった（永原 二〇一六；フレンドリーおよびウェイナー 二〇二〇）。そのためこうした作図上のイノベーションが、どのような社会状況や文化的コンテクストと関連しているのかの考察は少なく、特にデータグラフィックスのデザインとポリティクスの問題についてはは僅かな研究があるのみだった。[*1]

一方、今日の巨大IT企業などによるデジタルデータの商品化は、「データ資本主義」と呼ばれ

*1　データグラフィックスの文化論的研究の動向についてはAiello（2020）を参照のこと。

る新たな権力構造を出現させている（West 2019; 野口 二〇一九）。データは二十一世紀の産業の石油である、などという技術的なユートピア主義の言説を、人文学やメディア研究の立場から批判的に検討する動きはようやく始まったばかりである。[*2] それらの研究によれば、従来の産業資本主義と同様にデータ資本主義も、その成長のためには一定のイデオロギーとそれを構成するための言説を必要とすることが指摘されている（West 2019）。

しかしこれらの言説が、視覚表象とどのように関係しているのか、とりわけデータグラフィックスの視覚的な特性、すなわち描画のデザインやスタイルが、具体的にデータ資本主義の言説とどのように関係しているのかを論じたものはまだ少ない。

この関係性を考察するために、本稿ではまず、データグラフィックスとデータ資本主義の歴史的な変化を先行研究によって整理した後、一九八〇年代にエドワード・タフティによって提唱されたデータグラフィックスのミニマリズムを取り上げ、これがデータ資本主義の言説をどのように構成しているのかを検討する。その次に、データグラフィックスのもう一つのデザインアプローチの潮流であるナラティヴ型デザインを取り上げる。特に二十一世紀になってから新しく登場したナラティヴ型グラフィックスである〈インフォグラフィックス〉を分析する。この時、分析の道具立てとして使用するのはクレスおよびヴァン・リーウェンの社会記号論である（Kress and van Leeuwen 2006）。

このような手続きによって本稿が検証しようとするのは、データグラフィックスの描画デザインの二つのアプローチ、すなわちミニマリズムとナラティヴ型デザインが、それぞれ別のやり方でデータに関する言説を構成し、データの客観性、データの民主化、資源としてのデータといったデータ資本主義のイデオロギーの複数の側面を支えているという仮説である。

＊2　二〇二二年に入ってから、*Critical Inquiry* 誌がデータをめぐる人文学的な論文を集めた特集号を発行するなどの成果が出始めている（Halpern et al. 2022）。

なお本稿が扱うデータグラフィックスとは、数量的な統計データを視覚化する図や表を指すものとする（従って、地図やフローチャートのような質的情報を表示する図表は除外される）。さらに、議論の対象はデータ分析や統計分析の専門家ではない一般市民が利用するためのグラフィックス（典型的には、ニュース報道や企業・政府の資料などで使われる数量グラフ）を対象とし、科学者やエンジニアが使用する数量グラフは除外する。このような定義を採用することによって、専門家の共同体を超えて広範な社会的影響力を持つデータグラフィックスとイデオロギーの関係を検証することが可能になるはずである。

2　データの視覚表象とデータ資本主義

レフ・マノヴィッチによれば、データの視覚化とはデータを点や線に単純化あるいは還元するという意味での縮退（reduction）の操作であり（Manovich 2011）、どのような描画をするか（例えばどのようなグラフを描くか）という選択は、データ表象の目的と切り離すことができない。その目的とはデータを正確でわかりやすく伝えるということである。

棒グラフや線グラフといった今日の我々が馴染んでいる数量グラフは、十八世紀のイングランドで発明されたと言われる。その発明者としてほぼ必ず名前が挙がるのは、ウィリアム・プレイフェア（一七五九―一八二三）であろう。プレイフェアは現代でも使用される各種のグラフを、新聞などのマスメディアを通じて社会に普及させる道を拓いた人物として、多くのグラフィックス史でも言及される。プレイフェアの作成したグラフ（図1）は、貿易額などの経済統計を主に扱って、当時のイギリスの国力の状態を政策立案者などが簡単に理解できるように考案されたものだった。データグラフィックスが、その黎明期において既に「いかに人々に統計データの意味を伝えるのか」を目的としていた点は重要である（Dick 2020: 44-58）。つまり科学の専門家による分析のためだけではなく、非専門家である人々（ただしプレイフェアの時代には、一般市民というよりもエリート階級の人々）がオーディエンスとして既に想定されていたのであった。データグラフィックスは、その成立の理由から既に、データを正確にわかりやすく非専門家に伝えるという目的を持っていたのである。

現代では職場や学校で、非専門家である一般市民がデータグラフィックスを利用し制作することは日常的になった。巨大IT企業がインターネット上で個人情報を大量に収集することが技術的に可能になると、データ自体が商品となりビジネスの対象にもなっている。産業界ではこうした現象を「データは二十一世紀の産業の石油だ」などと称しているが（篠原 二〇一九）、そのイデオロギーについての研究は始まったばかりである。

ウェスト（West 2019）は、一九九〇年代半ばに登場した、データを利益の源泉とするようなビジネスのありかたを「データ資本主義」と名付けて、その歴史と特性を分析している。そ

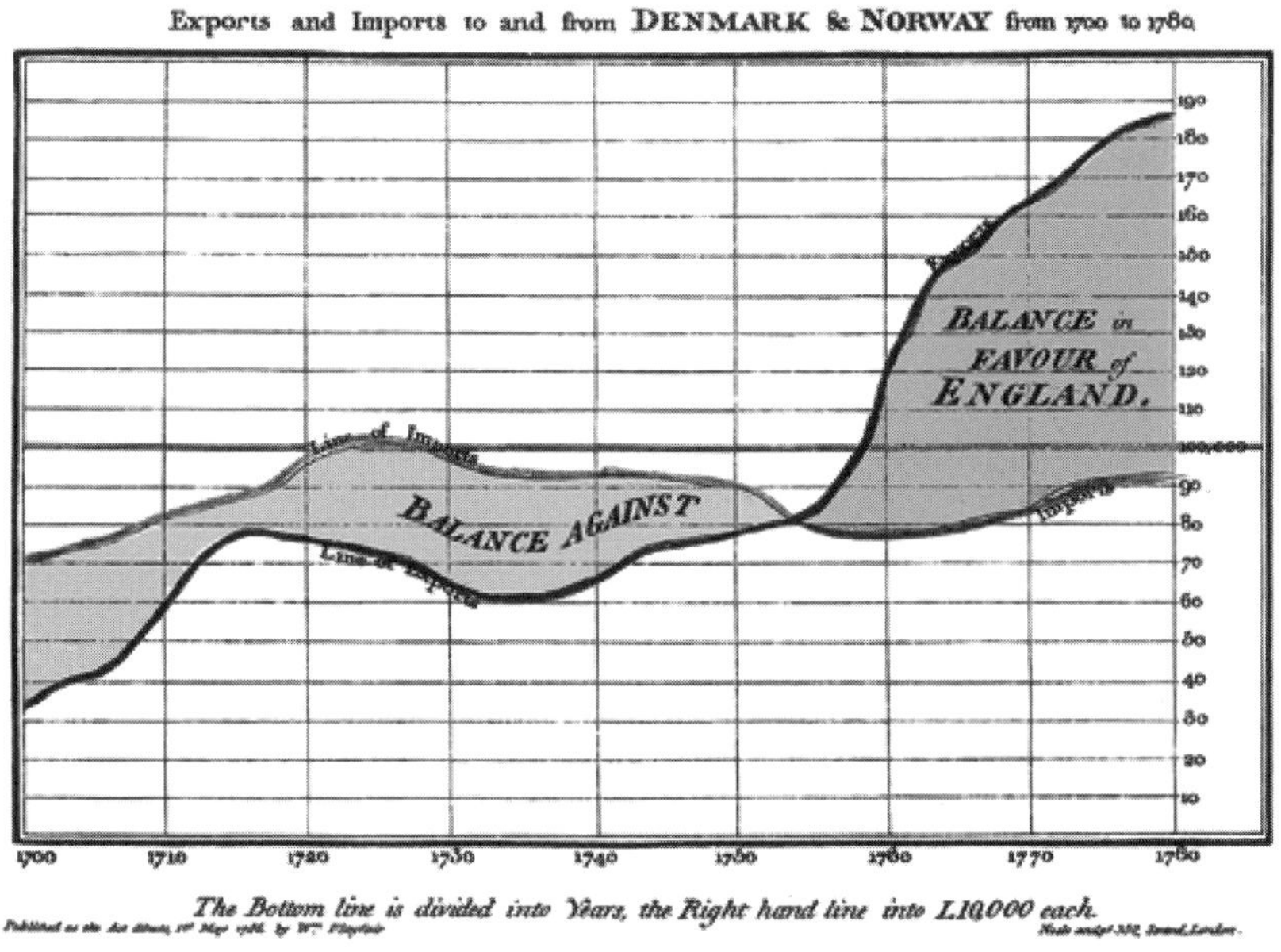

図1　ウィリアム・プレイフェアによる英国の貿易収支推移を示すグラフ（1786年）
（William Playfair, Public domain, via Wikimedia Commons. アクセス日：2022年5月25日）

れによれば、この資本主義システムはデータの商品化を通じて、データへのアクセスと利用が可能な特定のグループを特権化するような権力配分をもたらす。もちろんこのような権力構造は、一方的な国家や企業による操作によって可能になるわけではなく、一定のイデオロギーが社会の構成員全体で共有される必要がある。このためデータ資本主義は、すべての消費者が多種多様のデータを利用することによって生活をより豊かにし、データは消費者の力を強化するポテンシャルを持っているという、技術的ユートピアの物語を紡ぐことによってそのイデオロギーを支えていることが指摘されている（West 2019: 36）。

このようなデータ資本主義のイデオロギーと言説は、データ視覚表象の様式とどのような関係にあるのだろうか？　この疑問に応えるために参照できる数少ない先行研究の一つとして、ケネディらによる社会記号論的な論考がある（Kennedy et al. 2016）。この論文では「データ資本主義」という用語は採用していないものの、「イデオロギー、ポリティクス、権力はデータ視覚化作業におけるプロセスや慣習によって伝達される」（Kennedy et al. 2016: 719）ことを検証している。グラフィックデザイナーが慣習として採用するデータグラフィックスの描画のスタイルのなかに、デザイナーたちが意識しないで生産してしまうイデオロギーや言説を見出すことができるというのである。

ケネディらはこの論文の中で、印刷メディアやオンラインで流通している具体的な数量グラフの例を取り上げて、社会記号論の枠組みによって分析している。社会記号論とはクレスとヴァン・リーウェンによって提唱されたもので、イメージの構図や色彩など、描きこまれている視覚要素の特性などを分析することによって、どのようにイメージから意味が生成されるのかを分析する道具である（Kress and van Leeuwen 2006）。ケネディらの論文では、数量グラフが共通して持つ四つの特性、すなわち「二次元性（平面的に描かれること）」「幾何学的図形・線の使用（不規則な描画が無く、規則的な図形で構成されていること）」「すっきりしたレイアウト（データを表現する点や線以外の要素は副次的な意味しか持たないこと）」「データソースの引用（Webページ上で元データへのリンクが設定されていること）」を抽出し、それぞれが「客観性の印象」「秩序の印象」「直接性（無媒介性）の印象」「信頼性の印象」を作り出していると分析する（Kennedy et al. 2016: 723-731）。

例えば図2に示すような四つの棒グラフ・折れ線グラフでは、すべてに共通した特性として二次元的な平面としてグラフが描画されていることに、ケネディらは着目する（下段にある二つのグラフには三次元グラフとしての効果が加えられているものの、それらの効果はデータ表示には副次的であるとして、ケネディらは共通の特性から除外している）。そしてこの二次元性が、あたかも全体を俯瞰するような視点の存在を感じさせることにより、「客観性の印象」を生んでいると指摘する。同様に「幾何学的図形・線の使用」と「すっきりしたレイアウト」も、図2の四つのグラフに共通した特性であり、規則正しい幾何学性が「秩序の印象」を産出し、余分な要素がないこと（すっきりしたレイアウト）が「直接性の印象」を生んでいると分析している。さらに図3の例を見ると、グラフの下にソースデータを表示するためのリンクのボタン（「▽テーブルを表示」）が設定されているが、こうしたデータソースの引用が明示されていることで、このデータに関する「信頼性の印象」が生み出される。

ケネディらは、こうした意味の生成過程の結果として、データグラフィックスにおける表象の客観性と真正性の印象が作り出されていると結論づけるのである（Kennedy et al. 2016: 731）。もちろん、データの客観性は決して自明なものではない。ポーター（二〇一三：一九―二六）が指摘するように、数値化に基づく客観性という概念は、さまざまな社会的・政治的文脈からの要請によって

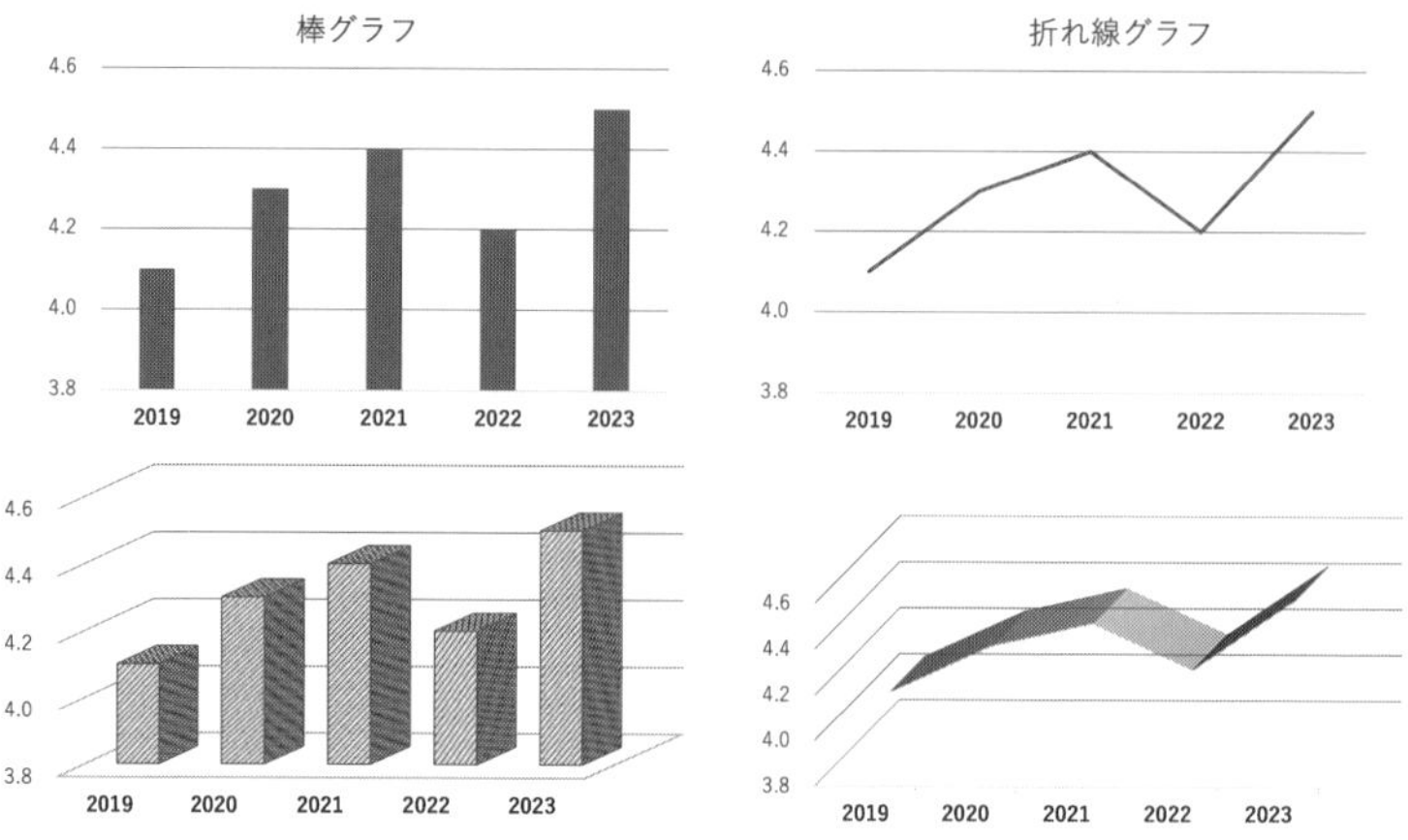

図2　さまざまなスタイルの棒グラフ、折れ線グラフ（筆者作成）

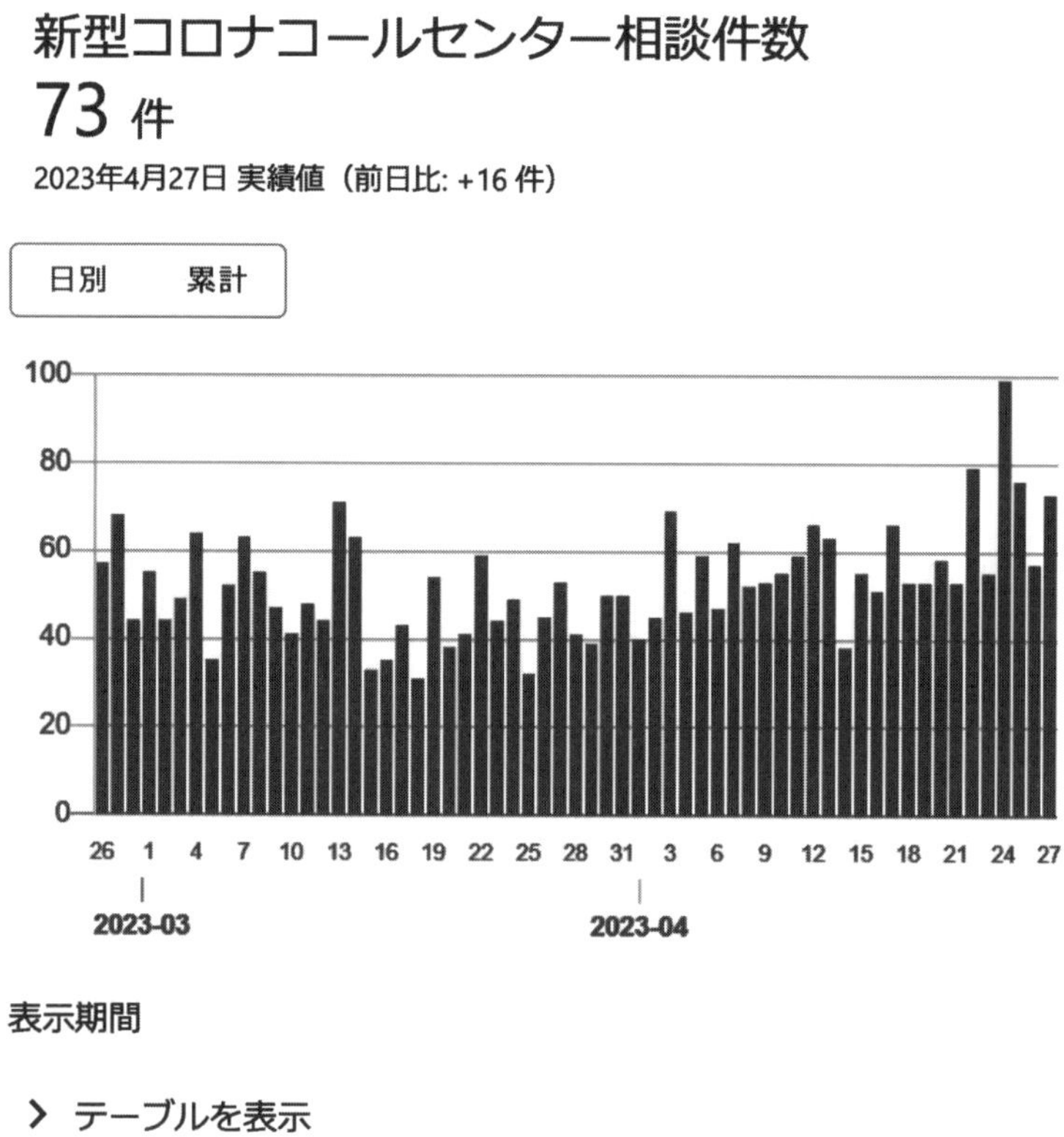

図3　データソースへのリンクが設定されている棒グラフ（下部に「>テーブルを表示」というリンクが設定されている）（東京都新型コロナウィルス感染症対策サイト　https://stopcovid19.metro.tokyo.lg.jp/ アクセス日：2023年４月30日

我々の文化に定着したものに過ぎず、客観性の概念はさまざまに変容する。だからこそ、データ資本主義のイデオロギーは、データの客観性を自明なものと見せるような言説を必要とするのであり、ケネディらが明らかにした棒グラフや折れ線グラフの持つ、一見自明な視覚特性がその構築に利用されているのだ。

しかしケネディらの分析では、いくつかの視覚的な特性を、副次的な要素であるとして分析対象から除外してしまっている。例えば、図2の下段のグラフにおける三次元性はケネディらの考察対象から除外されているのだ。確かに平面的な二次元グラフの描画のみでも数量関係は表示できるから、三次元効果は余計と言えるかもしれない。しかしこうした三次元効果も、デザイナーがこのグラフィックを構成する要素として配置したものであり、社会記号論的意味がないとは言えない。それにもかかわらず、こうした三次元効果は「装飾的」な要素（Kennedy et al. 2016: 729）であることを理由に、分析の対象から除外されているのである。

ここで二つの疑問が生じる。第一に、なぜこれらの立体的な描画は装飾的要素と見做されるのか？　第二に、ここで装飾的として除外されている視覚要素は、どのような言説やイデオロギーの構成に関係しているのだろうか？　次節ではまず、第一の疑問を検討する。

3　ミニマリズムとデータ表象の透明性

データグラフィックスにおける装飾的なものを判断する規範は、エドワード・タフティが一九八〇年代に提唱したミニマリズムによって明確に定式化されたと言ってよい。[*3] タフティは統計データ分析の専門家でありながら、データグラフィックスのみならず、自身もアーティストとして作品制

＊3　タフティがミニマリズムを提唱した『量的情報の視覚表示』（Tufte 2001）の初版出版は一九八三年である。

作をしている人物だが、それまでマスメディアで多用されていたイラスト入りの数量グラフを批判し、イラストや装飾を排して数量関係のみを表すようなデザインとすることを提唱した[*4]（Tufte 2001）。ミニマリズムの主張はかなり厳格なもので、それによれば三次元グラフも装飾的であるとして退けられている。

（1） データ表象の透明性の原則

タフティのアプローチのユニークさは、こうした装飾的なものを実際のグラフィックスから取り除くための具体的な手順を提示し（Tufte 2001: 123-137）、さらにそれぞれのグラフィクがどの程度の装飾的要素を含んでいるかを評価するための指標（すなわち、データ表示の効率性の指標）の計算方法（Tufte 2001: 93）まで提示するという、きわめて客観的かつ具体的なデザイン原則を提唱した点にある。

そして、タフティはこのデザイン原則に違反するような装飾的なグラフを「チャートジャンク」と名付けて激しく批判したことから論争となった（図4）。タフティに反対する立場のデザイナーたちは、ミニマリズムのグラフは退屈で見る人の興味を引き起こさないと反論したのであった。本稿では、タフティの「ミニマリズム」に対して、それに反対する立場のことを「ナラティヴ型デザイン」と呼ぶこととする。というのも、ナラティヴ型の立場をとる人々（例えばナイジェル・ホームズやリチャード・ソール・ワーマンといったグラフィックデザイナーたち）が主張したのは、見る人の感情に訴えるようなナラティヴ（説話）としてグラフをデザインすることであったためである[*5]。

二つの立場の相違は、グラフのユーザーとはどのような人々なのかというモデルに表れている。

＊4　タフティは自身の立場を「ミニマリズム」と呼んだことはないが、多くの論者は彼のデザイン原則の呼称としてミニマリズムの語を採用している（Cairo 2013; Grady 2006; Gough et al. 2015）。

＊5　本稿で採用している「ミニマリズム」と「ナラティヴ型デザイン」という呼称については、ランコウ、リッチー、およびクルックス（二〇一三：三一）を参照した。

タフティによれば、チャートジャンクの制作者（特にグラフィックデザイナーたち）は「統計分析を一般の人は難解で理解できない」と決めつけており（Tufte 2001: 79-80）、こうした偏見が、データ表現を歪曲してまで面白おかしい作画を施すという、グラフィックデザイナーたちの横暴につながっているとタフティは断罪している（ibid.: 87）。他方で、ミニマリズムに反対するナラティヴ型の立場は、雑誌、新聞、ウェブの利用が日常となった忙しい現代人は、統計分析に費やす時間を持つことができないので、データの意味をわかりやすく瞬時に伝えることが重要なのだと反論する（Heller 2006: Sec. 17）。

　こうしたユーザーのモデルの相違は、それぞれの立場のグラフィックデザインのスタイルに表れる。ミニマリズムのグラフィックスは、単色あるいは抑制された彩色と白い二次元平面、幾何学的な線や図形で描かれ、見る人の分析的思考を促そうとする。他方でナラティヴ型のグラフィックスは、イラストや写真といった現実の類像的イメージや、多彩な色使い、三次元的な遠近法などによって、見る人の感情や直感に訴えるようなストーリーを構築することを目指すのである（図５）。

　もちろん実際の個々のデータグラフィックは、ミニマリズム的デザインとナラティヴ型デザインの両方の特徴を持っていることが普通である。したがって、前節で見たケネディらの先行研究が行ったのは、さまざまなメディアに見られる実際のデータグラフィックスの特徴のなかから、装飾的要素を除

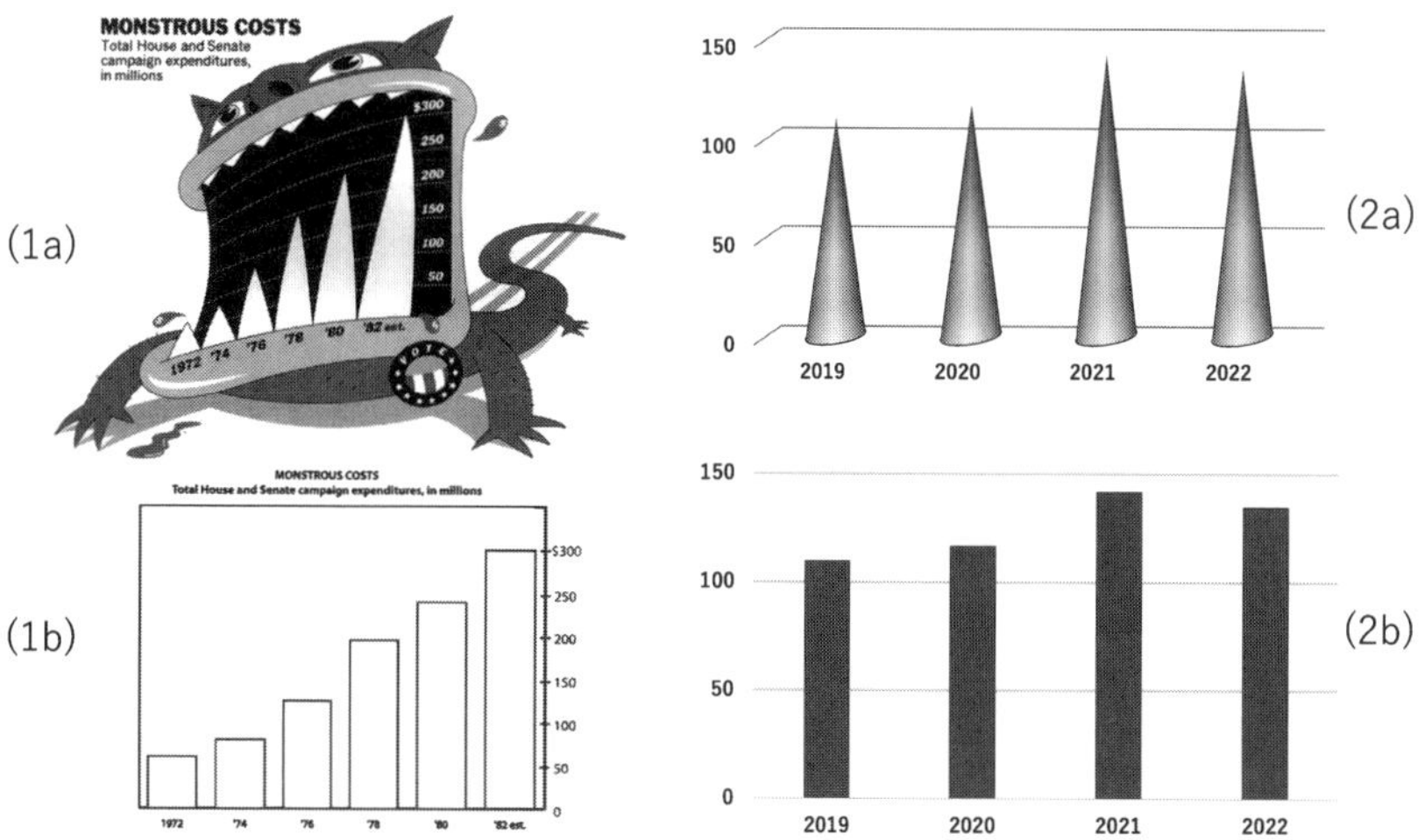

図４　ナラティヴ型のグラフ（チャートジャンク）とミニマリズムのグラフ（1aはナラティヴ型、1bはミニマリズム、2aはナラティヴ型、2bはミニマリズム）（Bateman et al. 2010）

外し、ミニマリズム的な描画特性だけを取り出して分析したということになる。そうであるならば、ケネディらが指摘した四つの社会記号論的効果、すなわち「客観性の印象」「秩序の印象」「無媒介性の印象」「信頼性の印象」は、ミニマリズムの描画特性によってもたらされていることになるだろう。

ミニマリズムのこれらの四つの社会記号論的効果によって暗黙のうちに示されているのは、表象の透明性という特性である。なぜなら、事実のあるがままを正確に伝達するということが、これら四つの効果の目的とされているからである。実際、タフティのテクストにおいて、透明性という概念はきわめて重要なものである。例えば、タフティはその著書の冒頭で、ミニマリズムの理想に適合したデータグラフィックスの条件を列挙しているが、そこでは「明瞭さ」「正確さ」「効率性」(Tufte 2001: 13) から成る、いわば透明性の原則と呼べるものを提唱している。つまり、タフティが自身のテクストで繰り返し論じているのは、いかにデータを歪曲せずにありのままの姿を提示するのか、あるいはいかにデータそのものに語らせるようにするのか、というデータ表象の透明性の原則なのである。

そして、この透明性という概念こそ、デジタルデータ資本主義において繰り返し語られる言説の主要な主題に他ならないのだ。この言説においては、透明性こそが「内在的な善」であるとされ、全てのユーザー (市民) に最大限の便益をもたらし、民主的な社会を実現するのだというユートピアの物語が構築される (West 2019: 36-37)。

ケネディらが明らかにしたのは、ミニマリズムによって提唱されるグラフィックスの透明性が、データの客観性の言説を構成しているということであったのだ。

	ミニマリズム	ナラティヴ型
グラフィックの目的	分析的思考の場を提供する	直感に訴え素早く理解させる
装飾的要素の利用	排除すべき	効果的に利用すべき
描画スタイル	図式的	絵画的

図5　ミニマリズムとナラティヴ型デザインの比較*6

（2）ミニマリズムがデータ表象の思想にもたらしたもの

ところで、こうした透明性の原則がデータ表象の良し悪しを決めるというのは歴史的に見れば自明のことではない。というのも、このようなデータグラフィックスにおけるミニマリズムとナラティヴ型の間の対立は、例えば十九世紀初めのプレイフェアの時代には存在しなかったからである。プレイフェア自身は、データを簡潔に示すことを心がけてグラフを作成したが、同時にこの論争の枠組みで言えばナラティヴ型に近い考え方も持っていた。例えば、プレイフェア自身が、忙しい人々は意思決定のための視覚的な補助を必要とするのだと書いており、データの詳細な分析を省くための道具としてデータグラフィックスが役立つのだと考えていた（Costigan-Eaves and Macdonald-Ross 1990: 321）。さらにプレイフェアは、グラフのインパクトを強めるために装飾を加えたり（図６）、時にはデータの表現を歪めてしまうこともあった（Wainer 1990: 341; Costigan-Eaves and Macdonald-Ross 1990: 325-326）。加えて、プレイフェアは表象の透明性にはきわめて曖昧な態度をとっていたことも指摘されている（Dick 2020: 58）。十八世紀から十九世紀にかけてのマスメディアにおいては、報道に添えられるデータグラフィックスそれ自体の透明性はさほど問題とされていなかったのである。

二十世紀の前半までのニュースメディアにおいて、統計グラフは報道内容の客観性を読者に納得させるための「ファクトに基づくテクニック」として機能したのにすぎなかった（Dick 2020: 171-172）。実際、二十世紀に入ってからも、英語圏諸国の新聞報道などで使われるグラフには、多くのイラストが添えられたり誇張が施されることが珍しくなかった（図７）。データの視覚表象の透明性に対するこのような関心の低い状態は、十九世紀の英国のジャーナリズムから二十世紀の半ばまで続いていたのである[*7]（Dick 2020: 4-7, 120）。このような風潮を批判して、データ表象のありかた

＊6　表の作成にあたって伊藤（2021）を参照した。

＊7　ただし一九三〇年代以降は、グラフィックデザインにおけるモダニズムの影響が、ニュースグラフィックスにも及び始めていたため、十九世紀末までの漫画的なグラフィックスは次第に機能的な表現へ少しずつ変化していた。しかしそれでも、少なからぬ数のメディアではタフティのミニマリズムの基準とはかけ離れたグラフィックスを使っていたことも事実である（Dick 2020: 139-166）

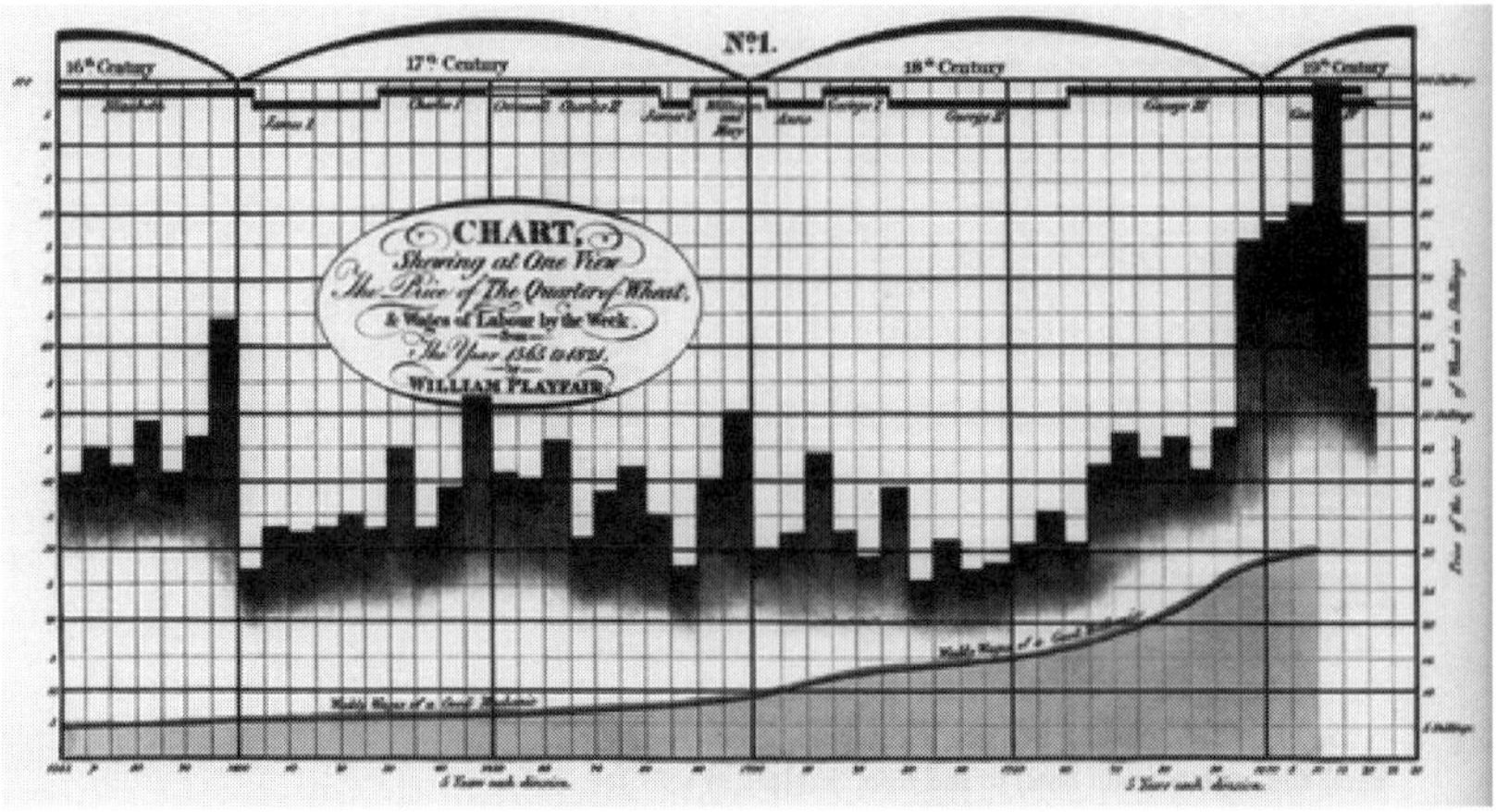

図6　ウィリアム・プレイフェアによる装飾的なグラフ（1821-1822年：ステップ状の棒グラフの頂上に向かって黒い影がつけられ、劇的効果を生んでいる）（William Playfair, Public domain, via Wikimedia Commons アクセス日：2022年５月25日）

図7　『ロス・アンジェルス・タイムズ』1979年８月５日の紙面より（Tufte 2001: 69）

における厳格な規範を確立するために一九八〇年代に登場したのが、タフティのミニマリズムだったのだ。この頃になって初めて、表象の透明性がグラフィックの質の評価の基準として明確な形で出現したのであり、グラフィックスの中で装飾的なものとそうでないものとの対立が、データ視覚化の問題系に持ち込まれたのであった[*8]。

この時、ミニマリズムが主張したのは、信頼できるデータであればその表象に化粧を施すことをしなくても、見る人は意味を十分に正確に理解できるということであった（Tufte 2001: 80）。この主張はさらに続けて、装飾に満ちたチャートジャンクのグラフを見せられた人は、このプレゼンターを信頼できるのかと疑問を持つだろうし（Tufte 2006: 152）、ごまかしに満ちたプレゼンの最大の危険は、虚偽を許容してしまうだけでなく、そもそもの真実を疑わしいものに思わせてしまうことだと指摘する（Tufte 2006: 141）。つまり、グラフィックスに装飾を施すことは、もともとのデータが真正性を欠き信頼できないことを示唆してしまう危険を孕むのである。

そもそもデータ表象のありかたが大きな問題として問われることがなかった二十世紀半ばまでは、表象の特性とデータの客観性の問題は直接の関係性を持たなかった。ところが、一九八〇年代にミニマリズムの主張が登場したことによって、データ表象のありかたはデータの客観性の問題と直接の関係性を持つことになったのである。これを契機として、データとは何か（あるいはデータとはどうあるべきか）という我々の理解は、データグラフィックスの視覚特性に影響を受けるものとなったのだ。

＊8　もちろん自然科学や社会科学の研究・教育の場では、十九世紀から既に、簡潔で曖昧さのないグラフ作成の重要性が提唱されていたが、新聞報道などのマスメディアにおけるグラフの使用に対してこうした規範が適用されることは少なかった（Dick 2020: 134-137）。

4 〈インフォグラフィックス〉におけるデータ民主化の言説

我々が今日、日常的にメディア報道などで目にするデータグラフィックスの多くは、ミニマリスティックな簡素な描画になっているというよりも、むしろミニマリストたちが糾弾したような装飾の多い描画のほうが多いようにも思える。グラフィックデザイン史においては、タフティのミニマリズムの主張は二十一世紀に入ってからその先鋭的なインパクトを失い、ナラティヴ型のグラフィックスが主流を占めるようになっているとさえ指摘する論者もいるほどである（永原 二〇一六：一一一）。

であるとすれば、ナラティヴ型グラフィックスにおける（ケネディらの分析から排除されたような）装飾的な視覚特性は、いったいどのようなイデオロギーや言説と関係しているのだろうか？本節では、特に二十一世紀に入ってから多く利用されるようになっている〈インフォグラフィックス〉と呼ばれるデータグラフィックスを取り上げて議論する。〈インフォグラフィックス〉は、ピクトグラムや数量グラフを組み合わせることによって、「見る人の目と心を引き付ける」ようなイメージ（木村 二〇一〇：一五）や「相手を一目で虜にする」ようなイメージ（櫻田 二〇一三：六九）を構成することを目的としたデータグラフィックスのスタイルである。それは明らかにミニマリズムというよりも、ナラティヴ型デザインの立場で制作されるグラフィックスであり、二十一世紀になってからニュース報道や企業のマーケティング資料などに多用されるようになっている。[*9]

とりわけこうした〈インフォグラフィックス〉の中でも、従来のデータグラフィックとは大きく見た目が異なるのは、例えば図8や図9のようなイメージである。これらのグラフィックスは、従

*9 インフォグラフィックスという用語は、広義には単純に「情報の視覚化」という意味で統計グラフや数表なども含むことがあるが、ここでは二十一世紀に入って普及している独特の描画様式を持つデータグラフィックの一種に特化した議論とするために、〈インフォグラフィックス〉と括弧書きすることにする。

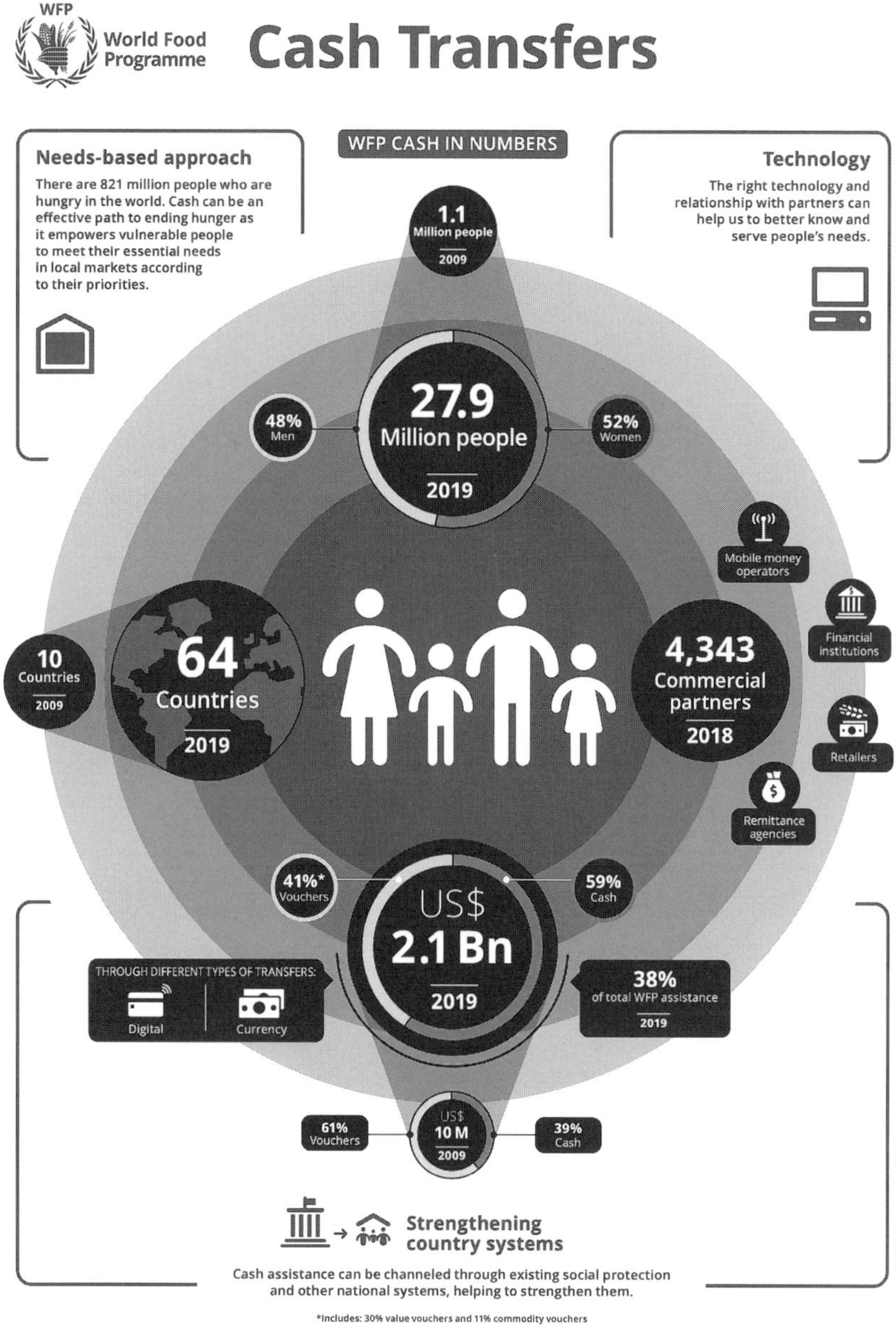

図8　世界食糧計画（WFP）現金支援プログラムに関するインフォグラフィック（World Food Programme, https://www.wfp.org/publications/cash-based-transfers-infographic-2020　アクセス日：2022年5月27日）

来のデータグラフィックスに比べると、線グラフや棒グラフが必ずしも中心に配置されておらず、多様なデータが一つのグラフィックの中にいくつも並置されているという点が大きく異なる。このような描画の意味を、ケネディらにならって社会記号論の枠組みで分析することにすると、以下のような二つの特性が明らかになる。

（1） ピクトグラムのモーダリティ

図8および図9の〈インフォグラフィックス〉において最も目につく特徴は、ピクトグラム[*10]の利用だろう。モーダリティとは、イメージに現実性を持たせるために設定される視覚特性であって、通常は現実の事物の類像的なイメージ（あるいは類像的な視覚特性）が添えられることで、イメージのリアリティ（現実性）が生み出されるとされる（Kress and van Leeuwen 2006: 154–174）。あるイメージが何を使って（つまり、どのようなモーダリティによって）現実性を生成しようとしているのかは、そのイメージが誰に向けて描かれてい

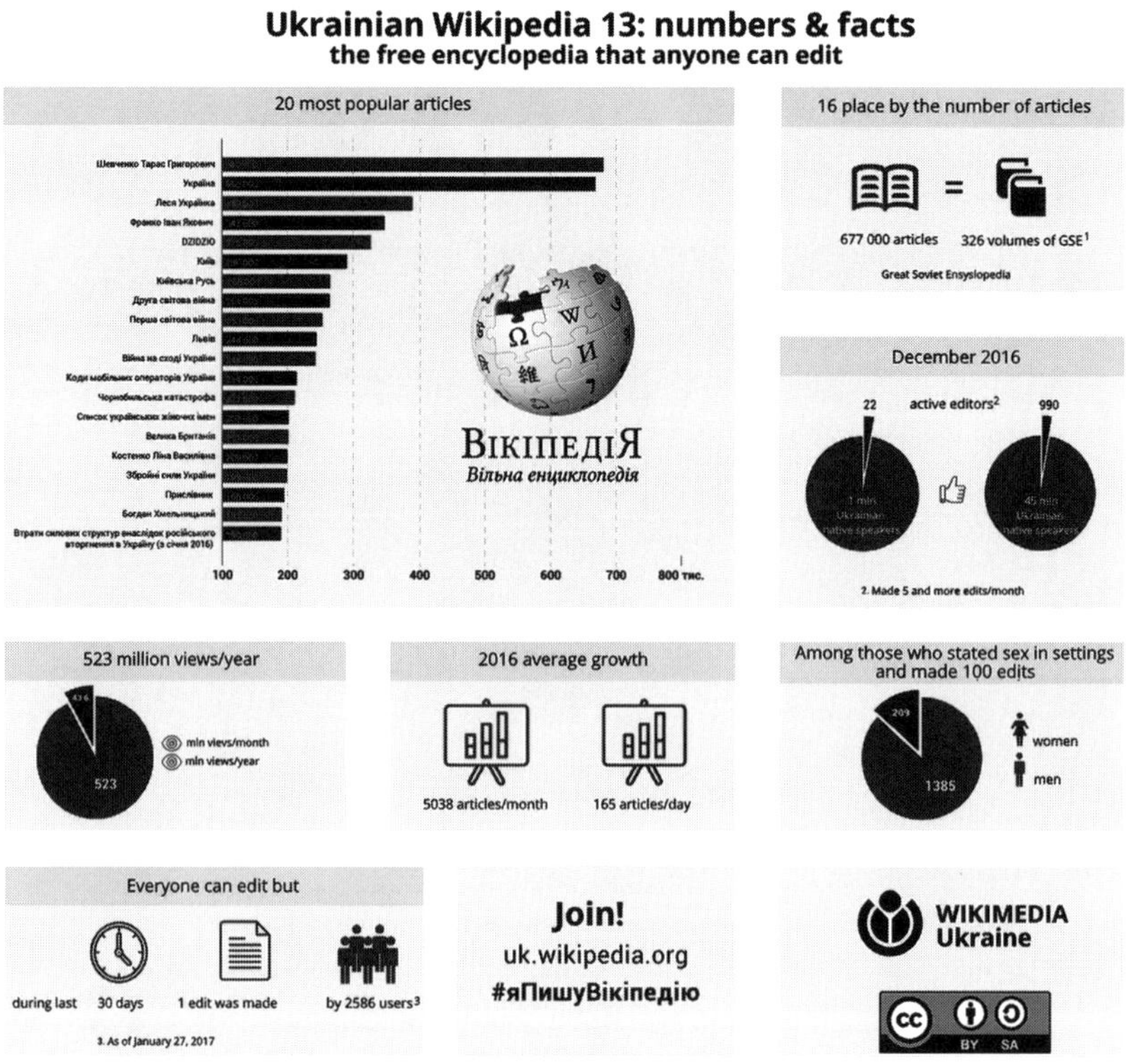

図9　ウクライナ語ウィキペディアの活動状況を示すインフォグラフィック
（UkrainianWikipedia 2017, via Wikimedia Commons アクセス日：2022年1月4日）

るのかを示す指標となる（Kress and van Leeuwen 2006: 172）。統計グラフの場合、直線や幾何学図形などの視覚要素によって抽象化された数量関係を示せば、統計やデータ分析の専門家にとっては十分に現実的な（リアルな）イメージとして理解され得るのであり、類像的なピクトグラムは全く不要である。それでも敢えて、図8や図9の中に少なからぬ数のピクトグラムを配置するのは、このグラフィックがデータ分析の専門知識を持たない人のためのイメージであることを伝えるためであろう。つまり、専門家ではない一般の人々にデータが開かれているという言説を、この〈インフォグラフィック〉は構成している。

そしてこの言説は、「データの民主化」と言われる技術的ユートピアのイデオロギーを支えるものである。データ資本主義の言説では、データを独占的な市場支配の道具とするのではなく、データへの自由なアクセスを市民や大衆に提供することによって、データ利用の「民主化」を達成するのだと言われる（レッドマンおよびダベンポート 二〇二一）。実際、グーグルのミッションステートメントには「世界中の情報を整理し、世界中の人がアクセスできて使えるようにすることです」[*11]と明記されている。こうして、ピクトグラムの使用は、一部の専門家によって独占されたデータを一般民衆に開放するという物語を構築し、民主化というポリティカルな言説を生産するのである。

*10 ピクトグラムとは、現実の事物の形状を絵記号とすることによって情報を伝達するシステムである。スカートを履いた形の人物の図像によって「女性用トイレ」を表すピクトグラムは代表的なものである。図9にも、書物や人物の形をした複数のピクトグラムが配置されている。そして社会記号論によれば、ピクトグラムはモーダリティを構成する要素になっている。

*11 https://about.google/（二〇二二年五月二〇日アクセス）

(2) 分析的プロセス

さて、〈インフォグラフィックス〉のもう一つの際立った視覚特性は、一つのグラフィックの中に示されているデータの量であろう。量といってもここで特徴的なのは、特定の変数の値域の広さではなく、変数の数の多さである。このような多変数性をデータの視覚化として示すのは、マノヴィッチが指摘した「視覚化とは縮退である」という命題に反するものである。あるいはまた、ミニマリズムが主張した、表示の効率性の原則にも反するであろう。

　このことを理解するために、社会記号論における「分析的プロセス」の概念を参照しよう。社会記号論では、数量グラフは「分析的プロセス」と呼ばれる意味生成機能を持つイメージであるとされる。分析的プロセスとは、部分と全体との関係を示す意味機能であり、例えば図10のような変形された円グラフにおいては、全体を構成するいくつかの部分を構成比とともに示すことにより、各部分を合計すると一〇〇パーセントになるという関係性を明示している（Kress and van Leeuwen 2006, 87–104）。

　図9の〈インフォグラフィック〉においても同様に、現象を説明するための属性としてさまざまなデータ変数が使われており、これらの属性という部分の集まりが、総体としての現象を記述するという関係になっている。図9の場合は、ウクライナ語のウィキペディアの活動という事象の全体を、七つの属性（図9を構成している九つのブロックのうち、右下の「Join!」という呼びかけと「WIKIMEDIA Ukraine」という著作権を表示する二つのブロックを除く、七つのブロック）で説明するという関係になっている。しかしここでは全体と七つの属性との関係は、図10の変形円グラフのような明確さを欠いている。図9全体を一つの分析的プロセスとして見た場合、なぜこれらの七つの属性が選ばれたのか、なぜそれらの属性がこのような配置になっているのか、あるいはこれら七つの属性によってウィキペディアの活動という全体のうちのどの程度を説明できるのか、といった関係性をグラフィック上で読み取ることはできない。各属性の配置はむしろ不規則で、全体としては複雑な構造のグラフィックになって

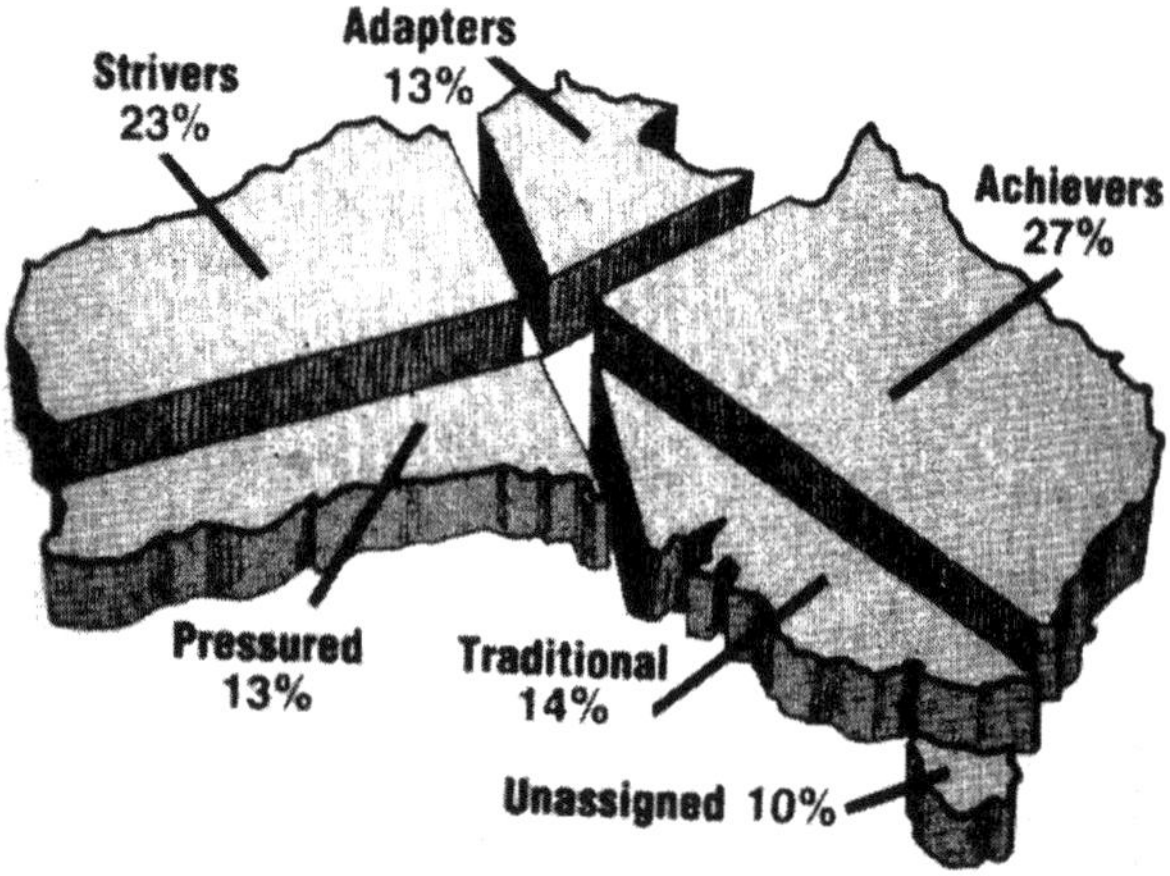

図10　分析的プロセスを示すイメージの例（円グラフの変形ヴァージョンで、全体を合計すると100パーセントになっている）（Kress and van Leeuwen 2006: 97）

いる。これに対して、図10ではオーストラリア大陸の全体をいくつかの部分に区分けしているという関係性が明示されている。つまり、社会記号論の観点から見ると、図9は分析的プロセスを示すイメージとして不完全であると言わざるを得ない。

だとすると図9の〈インフォグラフィック〉は何を示しているのか？　それはデータの多数性と複雑性そのものを示しているのである。一つの事象に対して多くのデータ変数が複雑に存在する、というそのこと自体を表示することがこの図の重要な機能であり、この図の外側（あるいは向こう側）には、まだ可視化されていないデータが潜んでいることさえ意味するだろう。世界には大量で複雑なデータが未発見のまま存在しており、それは未だ可視化されていないのだという言説が、こうした描画特性によって構成されているのである。それはデータを発掘されるべき資源と見做すようなデータ資本主義のイデオロギーを支える。

〈インフォグラフィックス〉の視覚特性が構成する二つの言説、すなわち「データの民主化」の言説と「資源としてのデータ」の言説は、ナラティヴ型グラフィックスが構成する二十一世紀のデータ資本主義の言説の重要なものである。データ資本主義は、ミニマリズムのグラフィックスによって構成される「データの客観性」の言説だけでは、より多くの人々を巻き込むことはできない。データには潜在的な価値があるということを示す必要があるのだ。そのために、データの民主化によって「資源としてのデータ」に対する「自由なアクセス」が「全ての人々」に対して与えられるというユートピアの物語が、ナラティヴ型デザインによって構成されるのである。*12

*12　データ民主化の言説はやがて、データの客観性の基準を変容させるだろう。なぜなら、データ民主化の物語が含意するのは、大量のデータが無数の人々の日常生活から収集され利用されるという世界のイメージであり、こうしたビッグデータの世界におけるデータの客観性は、データが大量に収集され蓄積されているという、ただその一点によって担保されるからである。こうしてデータグラフィックスは、透明な表象によって構築される客観性のイメージでもなければ、マノヴィッチが定義したような縮退や還元でもなく、巨大で複雑なデータの総体をスペクタクルとして提示するものになりつつある。

5　結論

データグラフィックスの視覚的特性は、データ資本主義における技術的ユートピアの物語を支える役割を担っている。タフティが主張するミニマリズムは、二十世紀半ばまで続いたマスメディアにおける装飾的なグラフの多用に対する異議申し立てとして登場した。そこで提唱されたデータ表象の透明性の原則は、データの客観性の言説を構成することによって、一九九〇年代以降のデジタルデータ時代のデータ資本主義のイデオロギーを支えている。

他方で、ミニマリズムに反対し、積極的に装飾的描画を採用すべきとするナラティヴ型グラフィックスもまた、イデオロギーの別の側面を支えている。それは、データ民主化の時代における豊富な資源としてのデータという言説を構成している。その言説においては、データの価値は発見されるものであって、市民全てがそのために奉仕し、その価値を享受すべきとされる。

このようにしてデータグラフィックスの二つの対照的なデザインアプローチ、すなわちミニマリズムとナラティヴ型デザインは、それぞれデータ資本主義の違った側面を支える。この両者のアプローチが総体として構築するのは、データは資源として利用されるべきものであるという物語である。これはすなわち、データを自然の一部として理解することを意味する。この物語のなかでは、データはまさしくマイニング（発掘）されるべき天然資源と等価となる。

引用文献

（日本語）

伊藤未明（二〇二一）「図解と説得——チャートジャンク論争とダイアグラムのリアリズム」ART RESEARCH ONLINE（オンライン）https://www.artresearchonline.com/issue-8c（アクセス日：二〇二二年六月一七日）

木村博之（二〇一〇）『インフォグラフィックス——情報をデザインする視点と表現』誠文堂新光社

櫻田潤（二〇一三）『たのしいインフォグラフィック入門』ビー・エヌ・エヌ新社

篠原弘道（二〇一九）「データ利活用による「より豊かな社会」の実現に向けて」『月刊経団連』二〇一九年七月号 https://www.keidanren.or.jp/journal/monthly/2019/07/p24.pdf（アクセス日：二〇二二年五月二七日）

永原康史（二〇一六）『インフォグラフィクスの潮流——情報と図解の近代史』誠文堂新光社

野口悠紀雄（二〇一九）『データ資本主義——二十一世紀のゴールドラッシュの勝者は誰か』日本経済新聞出版社

フレンドリー、マイケルおよびハワード・ウェイナー（二〇二一）『データ視覚化の人類史——グラフの発明から時間と空間の可視化まで』飯嶋貴子訳、青土社

ポーター、セオドア・M（二〇一三）『数値と客観性——科学と社会における信頼の獲得』藤垣裕子訳、みすず書房

ランコウ、ジェイソン、ジョッシュ・リッチー、およびロス・クルックス（Lankow, J., Ritchie, J. and R. Crooks）（二〇一三）『ビジュアル・ストーリーテリング——インフォグラフィックが切り拓くビジネスコミュニケーションの未来』浅野紀予訳、ビー・エヌ・エヌ新社

レッドマン、トーマス・Cおよびトーマス・H・ダベンポート（二〇二一）「データサイエンスを「民主化」する四つの方法」DIAMOND ハーバードビジネスレビュー（オンライン）https://www.dhbr.net/articles/-/7613（アクセス日：二〇二一年一二月一四日）

（外国語）

Aiello, G. (2020) "Inventorizing, Situating, Transforming: Social Semiotics and Data Visualization," in M. Engebretsen and H. Kennedy (eds.), *Data Visualization in Society*, Amsterdam: Amsterdam University Press, pp. 49–62.

Bateman, S., R. L. Mandryk, C. Gutwin, A. Genest, D. McDine, and C. Brooks (2010) "Useful Junk?: The Effects of Visual Embellishment on Comprehension and Memorability of Charts," in *CHI 2010: Proceedings of the SIGCHI Conference on Human Factors in Computing Systems*: 2573–2582. http://www.stat.columbia.edu/~gelman/communication/Bateman2010.pdf. (Accessed July 4, 2020)

Boehnert, J. (2015) "The Politics of Data Visualization," *Discover Society*. https://archive.discoversociety.org/2015/08/03/viewpoint-the-politics-of-data-visualisation/ (Accessed May 16, 2022)

Cairo, A. (2013) *The Functional Art: An Introduction to Information Graphics and Visualization*, Berkeley, California: New Riders.

Costigan-Eaves, P. and M. Macdonald-Ross (1990) "William Playfair (1759–1823)," *Statistical Science* 5(3): 318–26.

Dick, M. (2020) *The Infographic: A History of Data Graphics in News and Communications*, Cambridge, Massachusetts and London: MIT Press.

Gough, P., K. Dunn, Y. Bednarz, and X. Ho (2015) "Art and Chartjunk: A Guide for NEUVis," *International Journal of Software and Informatics* 9 (1): 61–72.

Grady, J. (2006) "Edward Tufte and the Promise of Visual Social Science," in L. Pauwels (ed.), *Visual Cultures of Science: Rethinking Representational Practices in Knowledge Building and Science*

Communication, Hanover, New Hampshire: Dartmouth College Press, pp. 222–265.

Halpern, O., P. Jagoda, J. W. Kirkwood, and L. Weatherby (2022) "Surplus Data: An Introduction," *Critical Inquiry* 48 (2): 197–210.

Heller, S. (2006) *Nigel Holmes on Information Design*, New York: Jorge Pinto Books, Kindle.

Kennedy, H., R. L. Hill, G. Aiello, and W. Allen (2016) "The Work That Visualisation Conventions Do," *Information Communication and Society* 19 (6): 715–35.

Kress, G. and T. van Leeuwen (2006) *Reading Images: The Grammar of Visual Design, Second Edition*, London and New York: Routledge.

Manovich, L. (2011) "What is Visualization?," *Visual Studies* 25 (1): 36–49.

Tufte, E. (2001) *The Visual Display of Quantitative Information, Second Edition*, Cheshire, Connecticut: Graphics Press.

——— (2006) *Beautiful Evidence*, Cheshire, Connecticut: Graphic Press.

Wainer, H. (1990) "Graphical Vision from Playfair to John Tukey," *Statistical Science* 5 (3): 340–346.

West, S. M. (2019) "Data Capitalism: Redefining the Logics of Surveillance and Privacy," *Business and Society* 58 (1): 20–41.

第Ⅳ部

日本記号学会四〇周年記念資料

日本記号学会第二一回〜四二回大会資料

日本記号学会第二一回大会
「メディア・生命・文化」

日時　二〇〇一年六月二日（土）・六月三日（日）
場所　大垣市情報工房（岐阜県大垣市）
協力　ＩＡＭＡＳ（情報科学芸術大学院大学／岐阜県立国際情報科学芸術アカデミー）

一日目：六月二日（土）
受付開始
理事会・実行委員会（２Ｆ会議室）
総会（５Ｆスインクホール）
開会の辞
セッション（５Ｆスインクホール）
「メディア・メタモルフォーシス」
藤幡正樹（東京芸術大学）、室井尚（横浜国立大学）
専用バスにてＩＡＭＡＳに移動
ＩＡＭＡＳ見学
レセプション（ＩＡＭＡＳギャラリー）

二日目：六月三日（日）
受付開始
研究発表（分科会１）５Ｆスインクホール（分科会２）セミナー室

［分科会スケジュール］
分科会１（司会：磯谷孝）
茂手木潔子（上越教育大学）
「仕事唄における音楽の機能について」
小野原教子（神戸商科大学）
「レッスルするファッション――女子プロレスにおけるヴィジュアル・パフォーマンス」
吉岡公美子（立命館大学）
「〈自然な〉母乳か〈人工〉ミルクか？――米国における乳児用調整乳の系譜学のために」
佐々木隆（東北女子大学）
「秘本正法眼蔵「生死の巻」の引用句とテクストの問題」
木戸敏郎（札幌大学）
「荒事〔あらごと〕の意味の仕組み」
江村哲二（作曲家）
「公理論的楽曲創作過程論」
分科会２（司会：北岡誠司）
星屋雅博（東京都立大学）
「アリストテレスのメタフォラ論再考」
島村賢一（久留米大学）
「デリダがアッピールするロゴサントリスム批判は、生物に普遍的なデジタルな事象を前になお、いかにしてその妥当性を保てるのか？」
河田学（京都大学）
「虚構的言説としての写真考――ポルノグラフィーの現実性と虚構性について」
外村知徳（静岡大学教育学部）
「気エネルギーに対する記号学の可能性」
原宏之（東京大学）
「「記号・メディア・環境」――メディオロジーの立場から」
乗立雄輝（四国学院大学）
「記号・生命・習慣」
昼食・休憩（5Fスインクホールにて、三輪眞弘・前田真二郎によるモノローグオペラ『新しい時代』上映）
理事会・編集委員会（2F会議室）
セッション（5Fスインクホール）
「生命記号論と内部観測」
松野孝一郎（長岡技術科学大学）、管啓次郎（明治大学）、吉岡洋（IAMAS）
閉会の辞

日本記号学会第二二回大会
「暴力・戦争・メディア――9・11以降の世界」
日時　二〇〇二年五月一一日（土）・十二日（日）
会場　横浜国立大学教育文化ホール

一日目：五月一一日（土）
受付開始
理事会・編集委員会（2階和室）
総会（2階大ホール）
開会の辞
[映像構成]
「暴力の表象／表象の暴力」
榑沼範久（横浜国立大学）、室井尚（横浜国立大学）
セッション
「マンガという暴力」
しりあがり寿（漫画家）、ジャクリーヌ・ベルント（横浜国立大学）、大里俊晴（横浜国立大学）
懇親会（大学会館3階・きゃら亭）

二日目：五月一二日（日）
受付開始
分科会Ⅰ・Ⅱ・Ⅲ
理事会・編集委員会（2階和室）
セッション
「暴力と戦争をめぐって」
宮崎学（作家）、山口昌男（札幌大学）、立花義遼（武蔵野美術大学）
閉会の辞
[特別展]
椿昇＋室井尚「The Insect World」
パネル展示及びビデオ上映
[分科会スケジュール]
分科会1
早川吉則（桐蔭横浜大学）
「人と人との相互作用とベクトル――加算の倫理学への応用」
大山るみこ（明治大学）

「日英広告における映像文法」
吉原直彦（岡山県立大学）
「脱出寸前のポーズ――闘争イメージの右優位性についての考察」
中西満貴典（愛知県立岡崎高校）
「「国際英語」ディスクール編成の記号学的論考」
J. A. F. Hopkins（玉川大学）
「Mediaによる言語的暴力」
分科会2
酒向治子
「記号論的舞踊分析理論における〈演者の'Subject'〉概念研究――Susan Leigh Fosterの理論に依拠して」
高馬京子（大阪大学）
「日仏モード雑誌における「モード」を構築するディスクール」
武田恵理子（国際基督教大学）
「Revue de Poesieの試み」
松本健太郎（京都大学）
「ロラン・バルトの写真論における言語批判的要素について」
分科会3
奥田博子（秋田大学）
「小泉純一郎首相の靖国参拝談話のレトリック分析――「聖域なき構造改革」と「靖国神社参拝」の接点」
金光陽子（麗澤大学）
「距離の美学――19世紀ヴィクトリア朝の「エジプシャン・ホール」の展示をめぐって」
外山知徳（静岡大学）
「氣エネルギーに対する記号学の諸相」
木戸敏郎（札幌大学）
「日本人の「スタンダードグローバリゼーション」の構造――平均率を例に」

日本記号学会第二三回大会
「記号機能のエヴォルーション――生命から感情へ」

日時　二〇〇三年五月一〇日（土）、一一日（日）
会場　大阪大学大学院人間科学研究科（吹田キャンパス）

一日目：五月一〇日（土）
受付開始
理事会・編集委員会
開会の辞（総会）
分科会I・II
「感情＝表情の可逆性――個と共同性とのあいだ」
菅原和孝（京都大学）、黒田末寿（滋賀県立大学）、菅野盾樹（大阪大学）

二日目：五月一一日（日）
受付開始
分科会I・II
理事会・編集委員会
「日本記号学会の将来に関するアピール」室井尚（日本記号学会会長）
「生命・記号・進化」
池田清彦（山梨大学）、郡司ペギオ-幸夫（神戸大学）、桧垣立哉（大阪大学）
懇親会
閉会の辞

[分科会スケジュール]
一日目：五月一〇日（土）
第一会場（１０５ネットワーク講義室）司会：久米博
竹内康史（筑波大学文芸）
「サルトル『文学とはなにか』再考、〈対自〉から記号作用へ――現象学的な意識〉と〈アンガジュマン〉のトポス」
森田秀二（山梨大学）
「サルトルの詩学」
島村賢一（久留米大学）
「記号と美と愛――バルトの『明るい部屋』における生きる主体の展開をひき受けて」
第二会場（１０６メディア講義室）司会：北村日出夫
奥田博子（秋田大学）
「政治的言説と記号機能――「解党」vs.「怪盗」」
中西満貴典（愛知県立岡崎高校）
「言説へゲモニーをめぐる二つの視点の批判的検討――A. Pennycook と M. Holborow に焦点を当てて」
遠坂貴史（議員秘書）
「「〈部落〉は怖い」という表象について――〈Monster〉として描かれる〈部落〉の視点から」

二日目：五月一一日（日）
第一会場（１０５ネットワーク講義室）司会：北岡誠司
松本明子（大阪大学）
「〈記号〉対〈記号〉の不協和音から人間が感得するもの～ルネ・マグリットの作品を題材に～」
張紅（東北大学）
「『羅生門』における〈生〉と〈死〉の記号表現」
布施倫英（札幌大学）
「教科書とはどのような書物なのか――中学校英語教科書の記号論的分析」
第二会場（１０６メディア講義室）司会：藤本隆志
一瀬陽子（大阪大学）
「パラテクストと知識人――「日本神話」をめぐって」
木戸敏郎（京都造形芸術大学）
「言霊――原日本文化の地層 - 記号に上乗せされたもの・声と音のイコノグラフィー」
浜中正晴（経営コンサルタント）
「読み行為と書き行為」
川出由己（京都大学名誉教授）
「生物記号論――生物主体は個体 - 環世界 - 社会の三項間記号関係から成る」
[特別展示]
「コンクリート・ポエトリー展」
北園克衛の「図形説」企画者：金澤一志・小野原教子

日本記号学会第二四回大会
「ケータイの記号論――モバイル・フューチャー」

日時　二〇〇四年五月一五日（土）、一六日（日）
場所　京都精華大学（京都市左京区岩倉木野町一三七）

一日目：五月一五日（土）
受付開始
理事会・編集委員会
開会の辞
総会

パネルディスカッション
「ケータイ文化の現状と問題点」
藤澤一郎（株式会社NTTドコモ・移動機開発部・企画担当）、大村好則（KDDI株式会社・コンテンツ・メディア本部コンテンツビジネスセンター準備室長）、永野寛（株式会社情報通信総合研究所政策研究グループ・リサーチャー）、司会：室井尚（日本記号学会会長）
懇親会

二日目：五月一六日（日）
受付開始
分科会Ⅰ＋Ⅱ
理事会・編集委員会
分科会Ⅲ＋携帯ラウンドテーブル
ダイアローグ
「パソコン通信からケータイへ——ネット・コミュニティの変貌」
大澤真幸（京都大学助教授・社会学者）、山川隆（モバイル社会研究所副所長。元Nifty常務取締役、前ドコモAOL代表取締役社長兼CEO）、コメンテーター：佐久間信行（情報通信総合研究所（株）取締役、移動・パーソナル通信研究グループエグゼクティブリサーチャー）、室井尚（日本記号学会会長）
閉会の辞

［分科会スケジュール］
分科会Ⅰ（L102講義室）
星屋雅博（東京都立大学大学院）
「直喩——古典修辞学的考察」
布施倫英（札幌大学大学院文化学研究科）
「教育的空間のナラトロジー——〈作者〉による権力と〈読者〉による戦術」
黒川五郎（ティー・セラピー・オフィス代表）
「茶における〝野生の思考〟の記号論を目指して——『ティー・セラピーとしての茶道』からのウィングド・クロッシング（有翼交差）の試み」
分科会Ⅱ（L103講義室）
芳賀理彦（ニューヨーク州立大学大学院）
「サイバースペースにおける新しい主体——『攻殻機動隊 Ghost in the Shell』分析」
井沼一（東北大学大学院）
「NTTDoCoMo 物語テレビ広告のテクスト分析——ケータイ家族物語・ケータイ日記キャンペーンを題材に」
菅原進（電気通信大学大学院）
「サブカルチャーにおけるケータイ」
分科会Ⅲ（L102講義室）
森英樹（大阪大学大学院）
「外界を認知するために」
池田淑子（大阪大学大学院）
「他者の表象と自己の再構築」
奥聡一郎（関東学院大学）
「記号学の教育——分析と展望」
木戸敏郎（京都造形大学）
「瑇瑁と鼈甲——ソシュールの Valeur に準拠して正倉院の「東大寺献物帳」を読解する」
携帯ラウンドテーブル（L103講義室）司会：立花義遼
「逆襲するケータイ」
山條朋子・斎藤豪助（KDDI総研）
「日米韓におけるモバイル利用の現状と将来についての考察」

福田豊（電気通信大学）
「ケータイと公共空間」
小池隆太（米沢女子短期大学）
「ケータイのテトラッド」
栗谷佳司（同志社大学大学院）
「プライバタゼーション」
［記念展］
「ケータイ図鑑――モバイル進化論」展 plus：「モバイル・アート」
会期 二〇〇四年五月一三日（木）～一七日（月）
会場 京都精華大学ギャラリーフロール
主催 日本記号学会・京都精華大学映像メディア研究所（IMA）
協賛 株式会社NTTドコモ、KDDI株式会社、株式会社情報通信総合研究所
協力 京都精華大学、国際情報科学芸術アカデミー（IAMAS）、横浜国立大学、多摩美術大学、東北芸術工科大学
（NTTドコモ、KDDIの協力を獲て、国内外数百の携帯端末を触れる形で展示した）。

日本記号学会第二五回大会
「〈大学〉はどこへ行くのか？」
日時 二〇〇五年五月二一日（土）、二二日（日）
場所 東京富士大学（東京都新宿区高田馬場三－八－一）

一日目：五月二一日（土）
受付開始
理事会・編集委員会
開会の辞
総会
問題提起「いまさら〈大学〉とは何か？」吉岡洋（情報科学芸術大学院大学）
特別講演
西垣通（東京大学）
「グローバル化と大学知の危機――『アメリカの階梯』をとおして」
アフタートーク 司会：吉岡洋
西垣通、大会参加者
懇親会

二日目：五月二二日（日）
分科会Ⅰ・Ⅱ
受付開始
理事会・編集委員会
ラウンドテーブル 司会：室井尚
「変貌する大学の現状」
外山知徳（静岡大学）、榑沼範久（横浜国立大学）
シンポジウム 司会：吉岡洋
「大学の未来――新たな改革モデルを求めて」
内田樹（神戸女学院大学）、金子郁容（慶應義塾大学大学院）、室井尚（横浜国立大学）
閉会の辞

［分科会スケジュール］
分科会Ⅰ（本館4階141教室）司会：立花義遼
阿部卓也（東京大学大学院）
「漢字デザインの字形論――文字デザインの形式的記述と生成の試み」

福田貴成（東京大学大学院）
「ラエンネックの聴覚映像――〈間接聴診法〉から展望する診断技術と認識の変遷」
松本明子（大阪大学大学院）
「パース記号論によるフラメンコ分析の試み」
分科会Ⅱ（本館4階142教室）司会：磯谷孝
陳維錚（京都精華大学大学院）
「マレーシアの高度教育のグローバリゼーション動向から見る大学変革の行方」
松本健太郎（京都大学大学院）
「二つの「延長」概念からみた人間観――丸山圭三郎の見解をメディア論者のそれと対置して」
西兼志（東京大学大学院）
「〈顔〉の記号学の可能性――言語モデルを超えてメディオロジー的アプローチへ」
木戸敏郎（京都造形芸術大学）
「記号としてのロイヤルボックス――オペラであり続けるために」

日本記号学会第二六回大会
「〈記号〉としてのテレビ」

日時　二〇〇六年五月一三日（土）、一四日（日）
場所　東京大学教養学部18号館（東京都目黒区駒場三－八－一）

一日目：五月一三日（土）
受付開始
理事会・編集委員会
開会の辞
総会
オープニング討議
「テレビ記号論とは何か」
導入報告　石田英敬（東京大学）
基調講演
フランソワ・ジョスト（パリ第三大学）
朴明珍（ソウル大学）
討議　原由美子（NHK放送文化研究所）、小林直毅（県立長崎シーボルト大学）
ラウンドテーブル1　司会：水島久光（東海大学）
「テレビ・コンテンツ研究の現在」
増澤洋一（千葉工業大学）、原宏之（明治学院大学）、和田伸一郎（大阪医科大学）
懇親会

二日目：五月一四日（日）
受付開始
分科会1・2・3
理事会・編集委員会
ラウンドテーブル2　司会：境真理子（江戸川大学）
「記号技術としてのテレビ」
川森雅仁（NTTサイバーソリューション研究所）、林正樹（NHK放送技術研究所）、佐野徹（日本テレビ）
ダイアローグ　コーディネーター：石田英敬
「記録と記憶／ドキュメンタリーとテレビ的情報空間――〝ヒロシマ〟をめぐる諸問題」
報告　水島久光、西兼志（東京大学）
討議　桜井均（NHKエグゼクティブ・プロデューサー）、金平茂紀（TBS報道局長）、港千尋（多摩美術大学）

閉会の辞

［分科会スケジュール］

分科会１（18号館４階分科会場１）司会：吉岡洋

井堀節子

「「テレビが構築した嘘のイメージ」について」

乗立雄輝

「メディアにおける〈タイプ／トークン〉の形而上学――「ここ、いま」のタイプ化とその逸脱」

李春喜

「テレビコマーシャルに見る日米比較」

江川晃

「TVメディア・バーチャルリアリティ・記号論」

分科会２（18号館４階分科会場２）司会：菅野盾樹

杉本章吾

「岡崎京子『リバーズ・エッジ』にみる二項性とその解体」

平塚弘明

「エドワード・スタイケンのファッション写真における虚構性」

椋本輔

「パーソナルコンピューター文化の意義と今後の展望について」

上尾真道

「ヒステリー的スペクタクルにおける〈欲動〉の問題」

分科会３（18号館４階分科会場３）司会：立花義遼

奥聡一郎

「記号学教育の実践としての映画記号論」

川間哲夫

「デザインのための記号論用語研究の展開」

木戸敏郎

「月の形象――失われた月壇の記号学的還元」

日仏会館シンポジウム

「日仏「テレビ分析の最前線」」

日時　五月一五日（月）

場所　日仏会館六〇一会議室（東京都渋谷区恵比寿三－九－二五）

共催　日本記号学会、国際哲学コレージュ

五月一五日（月）

討議

日仏「テレビ分析の最前線」（Analyse de l'image télévisuelle confrontation Japon-France）

フランソワ・ジョスト（パリ第三大学）、伊藤守（早稲田大学）、小林直毅（県立長崎シーボルト大学）、越川洋（NHK放送文化研究所）、石田英敬（東京大学）

日本記号学会第二七回大会

「Unveiling Photograph 立ち現われる写真」

日時　二〇〇七年五月一二日（土）、一三日（日）

場所　山形県立米沢女子短期大学C号館（山形県米沢市通町六－一五－一）

一日目：五月一二日（土）

受付開始

理事会・編集委員会

開会の辞

総会

大会主旨説明

オープニング・ダイアローグ
「ミルマニアの視点写真は何次元か?」
池田朗子（美術家／京都嵯峨芸術大学非常勤講師）、小林美香（写真研究者）
講演1
石内都（写真家）
「石内都、自作を語る」
聴き手：吉岡洋（京都大学）
懇親会

二日目：五月一一日（日）
受付開始
個人研究発表　分科会1・2
ラウンドテーブル
「写真研究のトポグラフィー——写真の語り難さについて」
第1部　プレゼンテーション　司会：小池隆太（山形県立米沢女子短期大学）
前川修（神戸大学）
「写真論の現在——語りにくさと騙りにくさ」
犬伏雅一（大阪芸術大学）
「展覧会に現れたキュレータの逡巡」
青山勝（大阪成蹊大学）
「写真の黎明期におけるある微細な混乱について」
理事会・編集委員会
第2部　討議
講演2
細江英公（写真家・東京工芸大学名誉教授）、聴き手：山口昌男
「自作を通して語る細江英公の球体写真二元論」

［分科会スケジュール］
五月一一日（日）
分科会1（C号館2階C201教室）司会：室井尚
河田学（京都精華大学・京都造形芸術大学非常勤講師）
「写真の透明性について——ケンドール・ウォルトンのリアリズム的写真観をめぐって」
清塚邦彦（山形大学）
「真のリアリティと演技的な態度——K・L・ウォルトンの透明性テーゼをめぐって」
分科会2（C号館2階C202教室）司会：菅野盾樹
岡安裕介（京都大学大学院人間・環境学研究科）
「ハレ・ケ再考」
植田憲司（京都芸術センター）
「ケータイのメディア考古学——隠されたイメージをめぐって」
［特別展示］
池田朗子「their site/your sight @米沢」（二日間）

日本記号学会第二八回大会
「遍在するフィクショナリティ」
日時　二〇〇八年五月一〇日（土）、一一日（日）
場所　神戸ファッション美術館

一日目：五月一〇日（土）
開場・受付開始
開会の辞・総会（新館2F第3講義室）
実行委員長挨拶　吉岡洋（京都大学）
基調報告

「遍在するフィクショナリティー」河田学（企画代表者）
シンポジウム1
「すべての女子は《腐》をめざすBL〔ボーイズラブ〕――フィクショナリティの現在」
清田友則（横浜国立大学）、永久保陽子（『やおい小説論』著者）、他大会参加者、司会：室井尚（横浜国立大学）
懇親会

二日目：五月一一日（日）
研究発表
分科会1（新館1F第1講義室）司会：有馬道子（京都女子大学）／室井尚（横浜国立大学）
佐古仁志（大阪大学大学院）
「生態心理学の新たな基礎付けに向けて――パース記号論的観点から」
江川晃（日本大学）
「パースの情報記号学序説」
林原玲洋（神奈川人権センター）
「差別表現をめぐる議論のメタファー分析」
久保明教（大阪大学大学院）
「文化としてのロボット／科学としてのロボット――テクノロジーをめぐる象徴的思考の働きについて」
分科会2（新館1F第2講義室）司会：小池隆太（米沢女子短期大学）／司会：岡本慶一（東京富士大学）
小林卓也（大阪大学大学院）
「現代フランスにおけるソシュールの再評価に関する一考察」
野口亮（京都大学大学院）
「ラカンの精神分析における現実の構成」
渡辺青（東海大学大学院）
「フィクションと創造性について」
木戸敏郎（京都造形芸術大学）
「K・シュトックハウゼン作曲『リヒト』にみる古典の脱構造と伝統の再構造化による創造のメカニズム」
対論
「映像とフィクショナリティー――ドゥルーズとベンヤミンをめぐって」
前川修（神戸大学）、檜垣立哉（大阪大学）、司会：菅野盾樹（大阪大学名誉教授／東京工業大学／日本記号学会会長）
シンポジウム
「物語を語ること、フィクションについて語ること」
奥泉光（作家・近畿大学）、岩松正洋（関西学院大学）、石田美紀（新潟大学）、司会：河田学（京都精華大学・京都造形大学非常勤講師）
閉会の辞

日本記号学会第二九回大会
「いのちとからだのコミュニケーション――医療と記号学の対話」

日時　二〇〇九年五月一六日（土）、一七日（日）
場所　東海大学伊勢原校舎一号館（医学部棟）二階講堂Bほか（神奈川県伊勢原市下糟屋一四三）

一日目：五月一六日（土）
開場・受付開始
開会の辞・総会（メイン会場　一号館二階講堂B）
実行委員長挨拶・問題提起　水島久光（東海大学文学部）
セッション1

「からだといのちを認識することについて」
基調報告1
今井裕（東海大学医学部）
小林昌廣（情報科学芸術大学院大学）
基調報告2
有賀悦子（帝京大学医学部内科学）
近藤卓（東海大学文学部）
ディスカッション
今井裕、小林正廣、有賀悦子、近藤卓
懇親会（東海大学医学部二号館レストラン望星台）

二日目：五月一七日（日）
研究報告Ⅰ
分科会1（一号館六階11教室）司会：前川修（神戸大学）
桑原尚子（東京大学大学院）
「基礎情報学における情報概念とソシュールにおける言語記号の恣意性の親近性」
佐古仁志（大阪大学大学院）
「習慣形成としての情報」の身体化――パースとの関連で」
分科会2（一号館六階12教室）司会：小池隆太（米沢女子短期大学）
河田学（京都精華大学・京都造形芸術大学非常勤講師）・松本健太郎（二松学舎大学）
「テレビゲームにおける身体性の問題」
江川晃（日本大学）
「バーチャル思考の記号構造について」
研究報告Ⅱ
分科会1（一号館六階11教室）司会：前川修（神戸大学）
太田純貴（京都大学大学院）
「どもるということ」
大久保美紀（京都大学大学院）
「表現における他者依存性に関する考察――Sophie Calle『眠る人々』および『Cromatique Diet』の表現を参考に」
分科会2（一号館六階12教室）司会：小池隆太（山形県立米沢女子短期大学）
西田洋平（東京大学大学院）
「記号解釈者としての生命とシステム階層」
棟方充（福島県立医科大学）
「記号論的医学への道――Science と Art の二項対立を超えて」
セッション2（一号館二階講堂B）
「病院とアート――医療はどのように表現されうるのか」
ビデオ報告
Venzha Christ（アーチスト／インドネシアＨＯＮＦ）ほか、解説：吉岡洋（京都大学）、小林昌廣
セッション3
「医療情報とその社会的共有」
小林広幸（東海大学医学部）、牧田篝（医療ボランティア・コーディネーター）、長谷川聖治（読売新聞編集局科学部次長）、司会：水島久光
総括・閉会の辞

日本記号学会第三〇回大会
「判定の記号論」
日時　二〇一〇年五月八日（土）、九日（日）
場所　神戸大学瀧川会館

一日目：五月八日（土）

開場・受付開始
開会の辞・総会（瀧川会館二階大会議室）
実行委員長挨拶・問題提起　前川修（神戸大学）
セッション1　司会：前川修
「裁判員制度における判定〉をめぐって――メディア、ことば、心理」
藤田政博（関西大学）
「裁判員制度における判定――集団意思決定の観点から」
堀田秀吾（明治大学）
「「ことば」から見た裁判員制度」
山口進（朝日新聞「GLOBE」副編集長）＋神戸大学大学院教育改革プロジェクト（協賛）
「裁判員制度に見る判定の論理――メディアの観点から」
懇親会（瀧川会館一階食堂）

二日目：五月九日（日）
［研究報告］
分科会1（瀧川会館二階小会議室A）司会：小池隆太（米沢女子短期大学）
鈴木康裕（三枝国際特許事務所）
「商標の記号論　試論」
橋本一径（愛知工科大学）
「同一性の判定――身元確認における指紋と写真」
大山るみこ（明治大学）
「英国新聞記事における日本人「容疑者像」構築についての考察――マルチ・モダリティー分析の観点から」
分科会2（瀧川会館二階小会議室B）司会：犬伏雅一（大阪芸術大学）
唄邦弘（神戸大学）
「隠された空間――洞窟壁画におけるイメージの生成と消滅」
柿田秀樹（獨協大学）
「視覚コミュニケーション技術――マクルーハン、クレーリー、フーコー」
松谷容作（神戸大学）
「零れ落ちる身振り――一九世紀末から二〇世紀初頭における映像実践と身体の関係」
セッション2（瀧川会館二階大会議室）
「判定の思想――《最後の審判》から生命の判定まで」
岡田温司（京都大学）、檜垣立哉（大阪大学）、司会：前川修
セッション3（瀧川会館二階大会議室）
「スポーツにおける〈判定〉をめぐって」
稲垣正浩（「ISC・24」主幹研究員／神戸市外国語大学客員教授）、吉岡洋（京都大学）、司会：前川修
閉会の辞

日本記号学会第三一回大会「ゲーム化する世界」

日時　二〇一一年五月一四日（土）、一五日（日）
場所　二松學舍大学九段キャンパス

一日目：五月一四日（土）
開場・受付開始
開会の辞・総会（二松學舍大学九段キャンパス一号館中洲講堂）
実行委員長挨拶・問題提起　松本健太郎（二松學舍大学）
セッション1
「マイコンゲーム創世記」

三遊亭あほまろ（庶民文化研究家）、吉岡洋（京都大学）
セッション2
「オンラインゲームにおける共同性がもたらすもの」
香山リカ（立教大学）、田中東子（十文字学園女子大学）、小池隆太（米沢女子短期大学）
懇親会

二日目：五月一五日（日）
研究報告（一号館二〇一教室）司会：水島久光（東海大学）
佐古仁志（大阪大学）
「パースにおける「進化」概念とその現代的考察」
松谷容作（神戸大学）
「タイムトラヴェルの第三の眼――『ドラえもん』のタイムトラヴェル表象の分析を通じて」
太田純貴（京都大学）
「H・G・ウェルズ『タイムマシン』における時間概念」
松永伸司（東京芸術大学）
「ビデオゲームにおける二種類の意味」
セッション3
「ゲームにおける身体の位置――時間／イメージ／インターフェイス」
吉田寛（立命館大学）、前川修（神戸大学）、河田学（京都造形芸術大学）、松本健太郎（二松學舍大学）
閉会の辞

日本記号学会第三二回大会
「着る、纏う、装う／脱ぐ」

日時　二〇一二年五月一二日（土）、一三日（日）
場所　神戸ファッション美術館

一日目：五月一二日（土）
［特別展示］（両日）
のむらみちこ（作家）
開場・受付開始
開会の辞・総会（第一セミナー室）
実行委員長挨拶・問題提起　小野原教子（兵庫県立大学）
セッション1（第一セミナー室）
「（人を）着る（という）こと」
コーディネート：鈴木創士（フランス文学者／作家／音楽家）
幣道紀（曹洞宗近畿管区教化センター総監／妙香寺住職）
「袈裟について――曹洞禅を中心に」
塩見允枝子（音楽家）
「音を着る――フルクサスの場合」
木下誠（兵庫県立大学）
「ギー・ドゥボールとその「作品」」
企画パフォーマンス　西沢みゆき（新聞女）（ギャラリー）
懇親会（神戸ベイシェラトン・ホテル）

二日目：五月一三日（日）
［研究報告］
分科会1（第一セミナー室）司会：前川修（神戸大学）／松本健太郎（二松學舍大学）
田中敦（新潟大学大学院）
「凝結表現の共示義を用いた映像テクストの解釈」
山崎隆広（群馬県立女子大）
「増村保造の戦争――三つの戦争映画から考える〈第三の意味〉」

斎藤愛（筑波大学大学院）
「東の女、西の男――「唐人お吉」伝説をめぐる各種メディア・文化の表象の比較」
中野恭子（四條畷学園短期大学）
「ポストモダンにおけるイタリア・ファッション・ブランドの象徴資本の構築」
大久保美紀（京都大学大学院・パリ第八大学）
「モビリティ概念と身体意識――現代の自己表象行為を特徴づけるもの」
分科会2（第二セミナー室）　司会：河田学（京都造形芸術大学）／吉岡洋（京都大学）
加藤隆文（京都大学大学院）
「インデックスとインディケイター――生命記号論の具体的構想のために」
佐古仁志（大阪大学大学院）
「「究極的な論理的解釈項」としての「習慣」をめぐる考察――パースにおける「共感」を中心に」
乗立雄輝（四国学院大学）
「〈観念〉から〈記号〉へ」
増田展大（神戸大学大学院）
「身体鍛錬という身振り」
セッション2（第一セミナー室）
「なぜ外国のファッションに憧れるのか」
高馬京子（ヴィータウタス・マグナス大学アジア研究センター）
「表象としての外国のファッション――エキゾチズムをめぐって」
池田淑子（立命館大学）
「ファッションとアイデンティティ」
大久保美紀（京都大学大学院・パリ第八大学）
「キャラ的身体とファッション」
杉本ジェシカ（京都国際マンガミュージアム）
「ヨーロッパの輸入、再生産、そして逆輸入と再々生産」
セッション3（第一セミナー室）
「〈脱ぐこと〉の哲学と美学」
鷲田清一（大谷大学）vs 吉岡洋（京都大学）
閉会の辞

日本記号学会第三三回大会
「〈音楽〉が終わったら――ポスト音楽時代の産業／テクノロジー／言説」

日時　二〇一三年五月一八日（土）、一九日（日）
場所　京都精華大学

一日目：五月一八日（土）
開場・受付開始
開会の辞・総会
実行委員長挨拶・問題提起　佐藤守弘（京都精華大学）
セッション1＋パフォーマンス（黎明館　L101）
「音＝人間＝機械のインタラクション」
The SINE WAVE ORCHESTRA、城一裕（情報科学芸術大学院大学〔IAMAS〕）、石田大祐（アーティスト）、古舘健（アーティスト／プログラマー）
RAKASU PROJECT、落晃子（京都精華大学）、ゲスト：平♯重行（ピアノ弾き／京都産業大学）、伴蒼翠（書家）
フォルマント兄弟、三輪眞弘（情報科学芸術大学院大学〔IAMAS〕）、佐近田展康（名古屋学芸大学）、ゲスト：岡野勇仁（ピアニスト／MIDIアコーディオン奏者）

司会：吉岡洋（京都大学）

二日目：五月一九日（日）

研究報告１（黎明館L００２）司会：河田学（京都造形芸術大学）

中野恭子（四條畷学園短期大学）

「近代のニヒリズムに対する記号的装飾による共同体的連帯――モノグラムと江戸小紋」

石田尚子（お茶の水女子大学）

「「作られたもの」としてのフィクションと情動の問題――修辞学的考察」

研究報告２（黎明館L００２）司会：有馬道子（京都女子大学）

佐古仁志（大阪大学）

「パースの記号論における「意識」――ふたつの「習慣」との関係において」

外山知徳（静岡大学）

「引きこもり対策としての家族関係修復のセミオシス」

セッション２（黎明館L１０１）

「音楽・産業・テクノロジー――音楽制作の現状」

佐久間正英（京都精華大学）、榎本幹朗（音楽コンサルタント）、山路敦司（大阪電気通信大学）、司会：水島久光（東海大学）

セッション３（黎明館L１０１）

「モノと人と音楽と社会――ポピュラー音楽研究のフロント」

南田勝也（武蔵大学）、土橋臣吾（法政大学）、谷口文和（京都精華大学）、司会：安田昌弘（京都精華大学）

閉会の辞

日本記号学会第三四回大会
「ハイブリッド・リーディング――紙と電子の融合がもたらす〈新しい文字学（グラマトロジー）〉の地平」

日時　二〇一四年五月二四日（土）、二五日（日）

場所　東京大学駒場キャンパス

一日目：五月二四日（土）

開場・受付開始

総会

開会の辞　石田英敬（東京大学）、キム・ソンド（高麗大学）

プレナリー・セッションI（１８６号館レクチャーホール）

「一即二即多即一」

講演

杉浦康平（デザイナー）

「一即二即多即一」

ラウンドテーブルI（1号館レクチャーホール）

「知の回路とテクノロジー」

杉浦康平、キム・ソンド、吉岡洋（京都大学）

報告「東京大学新図書館計画――読みと文字の変容を巡る「大学のアクション」」阿部卓也（東京大学）、モデレーター：石田英敬

二日目：五月二五日（日）

研究報告１（16号館４Fコラボレーションルーム１）司会：佐藤守弘（京都精華大学）

平松純一（NPO法人インテリジェンス研究所）

「情報機関にとっての「intelligence」の意味」

工藤晋（東京都立国分寺高等学校）

「痕跡とラインの詩学――グリッサンとインゴルドをめぐって」

一瀬陽子（京都明徳高等学校）

「法廷から法廷へ――津田左右吉のシンボリズム」

研究報告2（1号館4Fコラボレーションルーム3）司会：松本健太郎（二松學舍大学）
田中敦（新潟大学）
「参照点構造に基づく視覚表象の認知プロセス」
朴済晟（東北大学）
「パースの記号類型論における再帰的規則性――「新目録」§13の再考に向けて」
谷島貫太（東京大学）
「記号論的課題としての「メディアミックス」――Marc Steinberg のAnime's Media Mixから出発して」
プレナリー・セッションⅡ（18号館レクチャーホール）
「ハイブリッド・リーディングとデジタル・スタディーズ」
講演
ベルナール・スティグレール（ポンピドゥーセンターＩＲＩ）
「器官学、薬方学、デジタル・スタディーズ」
キム・ソンド
「極東における間メディア性の考古学試論――人類学・記号論・認識論のいくつかの基本原理」
討論者：石田英敬、モデレーター：西兼志（成蹊大学）
ラウンドテーブルⅡ（１８６号館レクチャーホール）
「To read what was never written 書かれぬものをも読む」
企画・構成：古賀稔章（エディター）＋氏原茂将（キュレーター）、モデレーター：水島久光（東海大学）
閉会の辞

日本記号学会第三五回大会
「美少女の記号論」

日時　二〇一五年五月一六日（土）、一七日（日）
場所　秋田公立美術大学
一日目：五月一六日（土）
受付開始
総会
問題提起「美少女は捕獲できるか？」吉岡洋（京都大学）
講演
小谷真理（ＳＦ＆ファンタジー評論家）
「帝国の美少女」
ディスカッション
「美少女とはいかなる記号なのか？」
小谷真理、小澤京子（和洋女子大学）、水島久光（東海大学）、小池隆太（山形県立米沢女子短期大学）、司会：吉岡洋
懇親会受付／アトラクション
懇親会（学内レストハウス）
二日目：五月一七日（日）
分科会Ａ（講義室2）司会：水島久光
大久保美紀（パリ第八大学）
「自己表象としての筆致――書くことと書かれたものへのフェチシズム、現代のスタイルとは何か」
佐古仁志（立教大学・日本学術振興会）
「予期と驚き――「意味」を獲得する方法としてのアブダクション」
岡安裕介（民俗学者）
「日本という言語空間における無意識のディスクール」
吉岡公美子（立命館大学）
「アクターネットワーク理論による米国人工哺育史再考――酪農畜産学の拡張としての小児科学」

分科会Ｂ（講義室３）司会　佐藤守弘（京都精華大学）
居村匠（神戸大学大学院）
「作品はどこに――ゴードン・マッタ＝クラークの残されたもの」
中村紀彦（神戸大学大学院）
「アピチャッポン・ウィーラセタクンの領域横断性――映画作品とインスタレーション作品の関わりあいをめぐって」
伊藤未明（視覚文化論）
「矢印の記号論」
吉原直彦（岡山県立大学）
「盆トレ問題――デザインの笑いにおけるズレと着地」
秋田公立美術大学構内ツアー
シンポジウム
「美少女と美術・美術史」
工藤健志（青森県立美術館）、藤浩志（秋田公立美術大学）、佐藤守弘、大久保美紀、司会：前川修（神戸大学）
ご当地アイドル「pramo」ミニコンサート
クロージングトーク
「美少女 vs. 記号学会」
Pramo ＋今大会登壇者、司会：室井尚（横浜国立大学）
閉会の辞

日本記号学会第三六回大会
「Bet or Die 賭博の記号論」

日時　二〇一六年五月二一日（土）、二二日（日）
場所　大阪大学人間科学研究科　吹田キャンパス

一日目：五月二一日（土）
（人間科学研究科５階51教室）
受付開始
総会
開会の辞　檜垣立哉（大阪大学）
セッション１
問題提起「賭けることのロジック」檜垣立哉（大阪大学）
講演
入不二基義（青山学院大学）
「偶然と必然と様相の潰れ」
セッション２
「賭ける瞬間／賭ける現場　競馬場で遭おう！」
パネリスト：植島啓司（京都造形芸術大学）、杉本清（元関西テレビアナウンサー）、特別参加：坂井直樹（週刊競馬ブック・トラックマン）、司会：檜垣立哉（大阪大学）
優駿牝馬（オークス）大予想会：阪大競馬サークル
懇親会（スカイレストラン）

二日目：五月二二日（日）
学会員による研究発表
分科会Ａ（人間科学研究科41教室）司会：吉岡洋
安齋詩歩子（横浜国立大学大学院）
「《襞》に対する情熱――ガエタン・ガシアン・ド・クレランボー研究」
佐原浩一郎（大阪大学大学院）
「バロックの館――ジル・ドゥルーズのライプニッツ解釈におけるアレゴリーとしての建築について」
小田原のどか（聚珍社）
「長崎・爆心地の矢印――矢羽型標柱は何を示したか」
分科会Ｂ（人間科学研究科44教室）司会　水島久光

伊藤京平（立命館大学）
「人工知能理論と生態心理学の交点」
椋本輔（横浜国立大学）
「人工知能と記号〝解釈〟を巡る論点整理――Googleの人工知能は猫を〝認識〟しているか？」
加藤隆文（名古屋大学・日本学術振興会特別研究員PD）
「パースの合成写真の比喩と自己概念の一般化」
セッション3（人間科学研究科5階51教室）
「ギャンブルのメディア論――麻雀・競馬・パチスロ」
パネリスト：瓜生吉則（立命館大学）、吉村和真（京都精華大学）、吉田寛（立命館大学）、問題提起・進行：佐藤守弘（京都精華大学）
閉会の辞

日本記号学会第三七回大会
「モードの終焉？――デジタルメディア時代のファッション」

日時　二〇一七年五月二〇日（土）、二一日（日）
場所　明治大学リバティータワー（東京都千代田区）

一日目：五月二〇日（土）
（明治大学リバティータワー1F1011教室）
受付開始
総会
問題提起　高馬京子大会実行委員長（明治大学）
第1セッション
「紙上のモード――印刷メディアと流行」
平芳裕子（神戸大学）、小林美香（東京国立近代美術館）、高馬京子（明治大学）、成実弘至（京都女子大学）、司会：佐藤守弘（京都精華大学）

懇親会（明治大学リバティータワー23F宮城浩蔵ホール）

二日目：五月二一日（日）
学会員による研究発表
分科会A（リバティータワー7F1075教室）司会：外山知徳
武居竜生（信濃医療福祉センター）
「考古学資料における記号表現と観念モデルの再構築」
佐古仁志（立教大学）
「「投射」を手がかりにした「アブダクション」の分析と展開」
大久保美花（明治大学大学院）
「微笑の歓待――横光利一『微笑』における文学と倫理」
分科会B（リバティータワー7F1076教室）、司会：河田学
妻木宣嗣（大阪工業大学）
「サードプレイスとSNS」
野中直人（(株)スリープセレクト）
「「木村拓哉」という記憶」
唄邦弘（京都精華大学）
「荒木経惟のリアリズムとフィクションの関係性――1980年代の雑誌分析を中心に」
大久保美紀（パリ第八大学）
「ファルマコン（pharmakon）と衛生概念（Hygiène）に基づく身体論の再構築と芸術的実践」
第2セッション（リバティータワー1F1011教室）
「ストリートの想像力――〈HARAJUKU/SHIBUYA〉」
高野公三子（ACROSS編集部、文化学園大学）、司会：水島久光（東海大学）
第3セッション
「デジタルメディア時代のファッション」

須藤絢乃（アーティスト）、大黒岳彦（明治大学）、吉岡洋（京都大学）、司会：高馬京子（明治大学）

閉会の辞　前川修会長（神戸大学）

日本記号学会第三八回大会

「食〈メシ〉の記号論」

日時　二〇一八年五月一九日（土）、二〇日（日）

場所　名古屋大学情報学部ほか（名古屋市千種区）

一日目：五月一九日（土）（情報学研究科棟1階第1講義室）

受付開始

総会

問題提起　秋庭史典大会実行委員長（名古屋大学）

第1セッション

「食の原点と現在」

檜垣立哉（大阪大学）、久保明教（一橋大学）、司会：河田学（京都造形芸術大学）

懇親会（名古屋大学南部生協食堂2F彩）

二日目：五月二〇日（日）

学会員による研究発表

分科会A（SIS2教室）司会：水島久光（東海大学）

岡村雄輝（鹿児島県立短期大学）

「会計言語説の展開可能性」

佐古仁志（立教大学）

「パース的観点からの「自己制御」を通じた社会性の獲得について」

分科会B（SIS4教室）司会：小池隆太（山形県立米沢女子短期大学）

瀧健太郎（横浜国立大学）

「集団的な〈記憶装置〉としての記念碑——クシシュトフ・ヴォディチコのアート・プロジェクト研究」

神谷和宏（北海道大学

「怪獣の表象性の研究——『ウルトラ（マン）』シリーズの怪獣は何を表象してきたか」

阿部卓也（愛知淑徳大学）

「日本の戦後デザインにおける文字組み規範の成立をめぐる一考察」

第2セッション（情報学研究科棟1階第1講義室）

「マンガが描く食——『目玉焼きの黄身 いつつぶす？』と行為としての〈食べること〉」

吉村和真（京都精華大学）、おおひなたごう（京都精華大学）、司会：佐藤守弘（京都精華大学）

第3セッション

「全体討論　食は幻想か？」

山口伊生人（ハチ追いハチ食文化研究）、司会：室井尚（横浜国立大学）

閉会の辞　前川修会長（神戸大学）

日本記号学会第三九回大会

「アニメ的人間——ホモ・アニマトゥス」

日時　二〇一九年五月二五日（土）、二六日（日）

場所　早稲田大学戸山キャンパス（東京都新宿区）

一日目：五月二五日（土）

（33号館3階第1会議室）

受付開始

総会

問題提起　大会実行委員長　橋本一径（早稲田大学）
第1セッション
「研究者ですが、アニメを浴びるように観ています――アニメーション・アトラスの試み」
石岡良治（早稲田大学）・小山昌宏（筑紫女学園大学）、ディスカッサント：小池隆太（山形県立米沢女子短期大学）、司会：細馬宏通（早稲田大学）
懇親会（早稲田大学戸山キャンパス　カフェテリア38号館1階）

二日目：五月二六日（日）
学会員による研究発表
分科会A（33号館4階437教室）司会：水島久光（東海大学）／外山知徳（静岡大学名誉教授）
佐々木淳（AOI TYO Holdings）
「〈CreativeGenome〉プロジェクトについて」
伊藤京平（立命館大学）
「不気味の谷底――「のようなもの」の感性論」
河井延晃（実践女子大学）
「ビーア（S. Beer）のサイバネティクス理論の現代的評価へむけて――初期思想におけるパース（C. S. Peirce）の意義を中心に」
佐古仁志（立教大学）
「直接知覚と間接知覚の統合としてのパースの知覚論――批判的常識主義の観点から」
分科会B（33号館3階333教室）司会：佐藤守弘（京都精華大学）
エスカンド・ジェシ（大阪大学）
「文芸翻訳における間文化的移行の問題性に関して」
山口達男（明治大学）
「SF作品から窺う「慈愛的監視社会」」

大崎智史（神戸大学）
「モンスターに触れること――『キング・コング』における接触のモティーフについて」
第2セッション（36号館3階382［AV2］教室）
「キャラクターを動かす――現代アニメにおける「作画」」
林明美（アニメーター・演出家）、溝口彰子（法政大学）、司会：小池隆太（山形県立米沢女子短期大学）
第3セッション（33号館3階第1会議室）
「アニメーションはアニミズムか？――アニメ的人間の未来」
細馬宏通（早稲田大学）、増田展大（立命館大学）、コメンテーター：石岡良治（早稲田大学）、司会：橋本一径（早稲田大学）
閉会の辞　前川修会長（神戸大学）

日本記号学会第四〇回大会
「記号・機械・発酵――「生命」を問いなおす」
日時　二〇二〇年一一月一四日（土）、一五日（日）
場所　京都大学稲盛財団記念館およびオンライン参加によるハイブリッド開催

［詳細は22頁参照］

日本記号学会第四一回大会
「自然と文化のあいだ――「生命」を問いなおす vol. 2」
日時　二〇二一年一一月二七日（土）、二八日（日）
場所　オンライン×九州大学・大橋キャンパスほかによるハイブリッド開催

［詳細は23頁参照］

日本記号学会第四二回大会
「記号論の行方――モビリティ・人新世・ケア」

日時　二〇二二年九月一七日（土）、一八日（日）
場所　追手門学院大学総持寺キャンパス

一日目：九月一七日（土）
開場
総会（A331教室）
学会員／非学会員による研究発表
分科会1（A331教室）司会：金光陽子（順天堂大学／共立女子大学）
安達未菜
「ナショナル・シンボルの複層性――雄鶏と獅子の共示と心性」
高野公三子
「「若者文化としてのファッション」そのシミュラクルをよみとく――「定点観測40年の記録」からの考察」
池田淑子
「人新世におけるゴジラ映画の行方――Godzilla, King of the Monsters（2019）」
分科会2（A341教室）司会：秋庭史典（名古屋大学）
星川彩
「レトロカルチャー時代における「懐かしさ」の記号」
殿塚碧
「ケアとしてのパフォーマンス」
髙木咲織
「推測する眼と芸術表現――崩壊のサインとしてのひび割れに注目して」
大久保美紀
「「方法マシン」における美的経験――方法主義再考に向けて」
分科会3（A331教室）司会：檜垣立哉（大阪大学）
上松大輝
「メタデータ共有システムを用いた資料のアーカイブと知識の構築に向けて」
佐々木正清
「〝詩〟は〝DX〟である――内部統制の手続としての「文」」
岩瀬祥瑚
「情報社会における「自然」についての考察――ミシェル・セール「ノワーズ」概念を中心に」
吉岡洋
「人新世の記号論」
分科会4（A341教室）司会：小池隆太（山形県立米沢女子短期大学）
石丸久美子
「フランスの育児雑誌におけるケアと父親・カップル像――日本の育児雑誌との比較から」
宮脇かおり
「ぬいぐるみという記号からコミュニケーション主体を捉え直す」
齋藤光之介
「ポスト・コンテンツツーリズム時代における物語世界の拡張――『ゆるキャン△』における「クリエイティブファンダム」を題材に」
エスカンド・ジェシ（ESCANDE Jessy）
「記号論から見たデータベースファンタジー――記号輸入としての異文化受容」

二日目：九月一八日（日）（すべてA331教室）

セッション1　チェア：高馬京子（明治大学）
「パンデミック以後のモビリティ」
遠藤英樹（立命館大学）
「観光のゼマンティク――デジタル革命と結びつき新たに構築されるツーリズム・モビリティ」
高岡文章（立教大学）
「旅を因数分解する」
松本健太郎（二松學舍大学）
「「現実」と「虚構」をまたぎつつ歩く――『ゲーム化する世界』と、それ以後の軌跡をふりかえって」
セッション2　チェア：増田展大（九州大学）
「人新世の風景」
瀧健太郎（アーティスト）
「「風景を見る人」を「見る」行為」
佐藤守弘（同志社大学）
「人類のビオトープ――風景とアントロポクラシー」
大久保美紀（パリ第八大学）
「人新世を生きる芸術実践――「エコロジー」を語らねばならない時代に」
セッション3　チェア：松谷容作（追手門学院大学）
「ケアする世界」
塙幸枝（成城大学）
「「痛みを伴う笑い」と共感のありか」
水島久光（東海大学）
「コミュニケーションの臨界――障害と体験継承」
全体討議　チェア：水島久光（東海大学）

日本記号学会学会誌一覧

記号学研究１『記号の諸相』（一九八一年四月）北斗出版

記号学研究２『パフォーマンス――記号・行為・表現』（一九八二年四月）北斗出版

記号学研究３『セミオーシス――文化のモデュール』（一九八三年四月）北斗出版

記号学研究４『シニフィアンス――意味発生の現場』（一九八四年六月）北斗出版

記号学研究５『ポイエーシス――芸術の記号論』（一九八五年五月）北斗出版

記号学研究６『語り――文化のナラトロジー』（一九八六年一一月）東海大学出版会

記号学研究７『文化のインターフェイス――境界・界面・越境』（一九八八年五月）東海大学出版会

記号学研究８『テクストの記号論――ことばとかたちのポエティクス』（一九八八年九月）東海大学出版会

記号学研究９『都市／建築／コスモロジー』（一九八九年五月）東海大学出版会

記号学研究10『トランスフォーメーションの記号論』（一九九〇年五月）東海大学出版会

記号学研究11『かたちとイメージの記号論』（一九九一年四月）東海大学出版会

記号学研究12『ポストモダンの記号論――情報と類像《イコン》』（一九九二年三月）東海大学出版会

記号学研究13『身体と場所の記号論』（一九九三年三月）東海大学出版会

記号学研究14『生命の記号論』（一九九四年三月）東海大学出版会

記号学研究15『記号の力学』（一九九五年三月）東海大学出版会

記号学研究16『多文化主義の記号論』（一九九六年三月）東海大学出版会

記号学研究17『感覚変容の記号論』（一九九七年三月）東海大学出版

会

記号学研究18『聲・響き・記号』（一九九八年三月）東海大学出版会

記号学研究19『ナショナリズム／グローバリゼーション』（一九九九年三月）東海大学出版会

記号学研究20『文化の仮設性――建築からマンガまで』（二〇〇〇年二月）東海大学出版会

記号学研究21『コレクションの記号論』（二〇〇一年三月）東海大学出版会

記号学研究22『メディア・生命・文化』（二〇〇二年三月）東海大学出版会

日本記号学会設立二十周年記念出版『記号論の逆襲』（二〇〇二年五月）東海大学出版会

記号学研究23『暴力と戦争』（二〇〇三年三月）東海大学出版会

新記号学叢書［セミオトポス1］『流体生命論』（二〇〇五年四月）慶應義塾大学出版会

新記号学叢書［セミオトポス2］『ケータイ研究の最前線』（二〇〇五年一二月）慶應義塾大学出版会

新記号学叢書［セミオトポス3］『溶解する［大学］』（二〇〇六年五月）慶應義塾大学出版会

新記号学叢書［セミオトポス4］『テレビジョン解体』（二〇〇七年五月）慶應義塾大学出版会

新記号学叢書［セミオトポス5］『写真、その語りにくさを超えて』（二〇〇八年五月）慶應義塾大学出版会

新記号学叢書［セミオトポス6］『いのちとからだのコミュニケーション』（二〇一一年五月）慶應義塾大学出版会

叢書セミオトポス7『ひとはなぜ裁きたがるのか――判定の記号論』（二〇一二年五月）新曜社

叢書セミオトポス8『ゲーム化する世界――コンピュータ・ゲームの記号論』（二〇一三年五月）新曜社

叢書セミオトポス9『着ること／脱ぐことの記号論』（二〇一四年一〇月）新曜社

叢書セミオトポス10『音楽が終わる時――産業／テクノロジー／言説』（二〇一五年六月）新曜社

叢書セミオトポス11『ハイブリッド・リーディング――新しい読書と文字学』（二〇一六年八月）新曜社

叢書セミオトポス12『「美少女」の記号論――アンリアルな存在のリアリティ』（二〇一七年八月）新曜社

叢書セミオトポス13『賭博の記号論――賭ける・読む・考える』（二〇一八年八月）新曜社
叢書セミオトポス14『転生するモード――デジタルメディア時代のファッション』（二〇一九年六月）新曜社
叢書セミオトポス15『食《メシ》の記号論――食は幻想か？』（二〇二〇年六月）新曜社
叢書セミオトポス16『アニメ的人間――インデックスからアニメーションへ』（二〇二一年五月）新曜社
叢書セミオトポス17『生命を問いなおす――科学・芸術・記号』日本記号学会四〇周年記念号（二〇二三年七月）新曜社

室井尚さんのこと

吉岡　洋

一世代上の恩師についてならまだしも、自分とほとんど年の違わない同僚の訃報記事を書かねばならないというのは、本当につらい。日本記号学会にとってきわめて重要な会員であり、ある意味で一九九〇年代以降の本学会の方向性を決定したと言っても過言ではない室井尚さん（横浜国立大学名誉教授）が、二〇二三年三月二一日正午過ぎ、数年間闘病してきた癌のため、帰らぬ人となった。思うところは多く、何をどう書いていいのか見当がつかないが、若い世代の方々のために、少し昔のことを思い出してみることにする。

私が室井さんと出会ったのは、京都大学文学部を卒業し同大学院の美学研究室に進学した時であった。彼は生年では私よりも一つだけ上の一九五五年生まれだが、早生まれであることと私が大学を一浪した関係で学年では三年上になり、私が大学院に入った年にはすでに博士課程の二年生であった。私は怖いもの知らずで、当時の京大美学では「王道」とされると同時に敬遠されていたカント美学を卒業論文に選んでいたので、そういうオーソドキシーの権威が嫌いな室井先輩は最初「なんだこいつ！」と怪しんでいたようである。

当時は毎週金曜日午後に大学院の演習発表があり、修士課程の新入生はまず自分の卒論の内容を発表するしきたりになっていた。そこで私の卒論「カントの天才論」に対して、室井さんからいったいどんなことを言われたかは憶えていない。ただ、演習後は毎回何人かの院生で飲みに行くことになっていて、その席上で「お前はたんに語学ができて勉強好きなだけで、問題意識が絶望的に乏しい！」というようなことを言われた憶えがある。だから出会ってすぐ仲良くなったというようなわけではなかった。

ところがしばらくして、次のようなことがあったらしい。「らしい」というのは、実は私にははっきりした記憶がなく、その後彼が繰り返し語ったので私の頭にも固定されてしまった話だからだ。当時は京都にまだ市電が走っており、[*1] ある時室井さんは百万遍あたりで市電に乗った。するとたまたま私がおり、最初彼は「ああ、イヤな奴に会ったな」と思ったという。けれど一応挨拶し世間話をした後で、彼は私に「今どきカント哲学なんて、何考えてんの？」と聞いた。それに対する私の答えに彼は感服し、それから話すようになったという。しかし私は何を答えたか憶えておらず、その後室井さんに訊ねても、内容は忘れたがあの時初めてカント哲学を面白いと思った、と言う。

ずいぶんいい加減な話だが、これが親しくなったきっかけである。その後、新田博衛先生の一限の研究講義に出て議論したり、読書会や研究会に誘われるようになった。室井さんからムカジョフスキー、バフチン、クリスティーヴァの話を聴き、記号論や構造主義について知るようになった。私自身は相変わらずドイツ古典哲学を読んでいたが、しだいに現代思想にも関心が移り、アドルノについて演習発表をしたり、修士論文はハーバーマスの認識論とカント美学について書いた。指導教官であった吉岡健二郎先生からは、室井さんの影響で私が美学の「王道」から外れたと思われたようだ。

博士課程に進学した時、日本記号学会に入れと誘われた。美学会には入っていた（当時美学の院

*1　京都の市電は一九七八年に廃止されており、室井さんと私が知り合ったのは一九八〇年だから、以下の会話が市電の中での出来事であるというのは事実としてはおかしい。けれども私の中では、そういう記憶が作られてしまっているので、それに従っておく。

生は美学会に入るのはMUSTであった）が、同じ学会とはいっても美学会とはまったく異なって分野横断的で自由な研究組織であり、お前も入らなきゃダメだというので入会した。大会に参加すると、室井さんはずっと年上の有名な著者や大学教授である会員たちにも怯むことなく議論をふっかけていた。私はその横にいたので「京都から来た元気のいい若手二人」とみなされ、「記号学研究」にも寄稿し、年次大会とは別に若手中心で何か京都で企画せよと促されたりした。それで同志社大学の北村日出夫さんの協力を得て開催したのが、渡辺恒夫と大塚英志をゲストに迎えた「消費社会の世紀末――少女民俗学とトランスジェンダー」（一九九一年）である。

一九九〇年代の前半には、坂本百大さんに誘われて北京大学、湖北大学や武漢大学で行われた「東亜符号学会」に、何度か一緒に参加した。二人ともそれまで中国を訪れたことがなかったので、学会出張を利用して上海や広州、西安まで足を伸ばしたこともある。室井さんと私とは生活のリズムも食の嗜好も関心の対象もかなり異なるのに、よく二人で旅行できたものだと思う。中国では、現地の研究者や学生とも知り合ったが、欧米から招待されていた国際記号学会の会員たちとも親しくなり、それがきっかけで毎回国際記号学会の大会にも参加するようになった。

その頃には日本記号学会の理事会に参加するようになり、大会の企画や学会誌の編集に関わるようになった。室井さんも私もすでに四十代の助教授だったが、学会創立時のメンバーが大半を占める理事会では依然として「若手」と呼ばれていた。山口昌男さんが会長を退任する二〇〇一年の理事会で、彼が室井さんを後任に推薦し、室井さんは会長としては異例の若さで就任した。同時に私は編集委員長となり、有能な事務局長である立花義遼さんと共に、私たちは学会執行部の中心として活動するようになった。さすがにもう「若手」とは言われなくなった。

室井さんと私は、国際記号学会の日本代表理事も長年務めてきた。国によっては記号学が専門学科として定着し、大学その他の研究組織の中に制度化されているところもある。一方日本において記号学・記号論は、一九八〇年代に一時的にマスコミにも注目されブームになったことはあるが、その後教育・研究制度の中には取り入れられなかった。そのことがこの国で学会を運営してゆく上で、困難な条件となったことはたしかである。だがその反面日本記号学会は、放っておくと領域化・専門化が進む学術研究の世界にあって、様々な分野の人々が出会う自由な場となった。そこに日本記号学会のアイデンティティがあるというのが、室井さんの基本的なスタンスだった。この方針は私が会長を務めた際にも引き継いだつもりであり、現在も継承されていると理解している。

一九九〇年後半以降の室井尚さんは、狭義の研究活動にとどまらない様々な活動をしてきた。横浜国立大学における新課程設立に際して唐十郎を教授に迎え、いわば大学を劇場に変えるという思い切った試みから「劇団唐ゼミ★」が誕生した。二〇〇一年の第一回横浜トリエンナーレでは椿昇との共作「インセクト・ワールド 飛蝗」の巨大なバッタが世界中の注目を集めた。その後はポーランド出身のアーティスト、クシシュトフ・ウォディチコとの協働や、ポップカルチャーを主題とする大型科研の代表者として、国内外で活動してきた。日本記号学会は常にそうした出来事のすぐ隣にあって、室井さんが仕掛けるプロジェクトは本学会の人的交流と濃密に重なり合い、マージしてきたと思う。

二〇二二年に室井さんは横浜から京都に引っ越してきた。そこで彼を知る京都周辺の何人かが、室井さんと私とが毎月語る「哲学とアートのための12の対話」を計画してくれた。それは二〇二三年四月から始まる予定だったが、私の対談相手は三月一二日に開催したそのプレトークに出演した九日後、この世を去ってしまった。本編はどうしよう?と考えたが、室井さんは「自分が死んだくらいで中止するなよ」と言っているように感じたので、予定通り行うことにした。だから、少なくとも彼との対話はこれから一年は続く。たぶんその後もずっと続いていくのだと思う。

編集後記

通常の「セミオトポス」で編集後記が書かれることはあまりないと思うが、本号は大会二回分を収録した合併号でもあるし、また設立四〇周年を記念して、この二〇年間の日本記号学会を振り返る記録集も付けたことから、それに至った経緯を手短に説明してみたい。

「叢書セミオトポス17」を、二回分の大会をまとめた合併号にしようかというアイデアが出たのは、私が編集委員長を務めていた二〇二〇年のこと――第四〇回大会が終わり、第四一回大会の企画にかかる頃だったと思う。合併号を出そうという話は、それまで何回もあった。その目論見としては、大会から「セミオトポス」特集号の発刊までの時期が二年となってしまっていた状況を是正するというのが第一にあった。しかしながら委員長の立場にあった私の力が足りず、16号の発刊が大幅に遅れることとなり、残念ながらその計画通りにならなかったことはなんとも申し開きのしようがない。

二つ目に、先述のとおり、日本記号学会が一九八〇年の設立から二〇二一年に四〇周年の節目を迎えることがあった。二〇周年の二〇〇一年には、当時の学会誌「記号学研究21」に設立以来の大会記録や学会誌の総目次を掲載し、その翌年に設立二〇周年記念出版として『記号論の逆襲』（東海大学出版会、二〇〇二年）を発行した。それに倣って、「セミオトポス17」を、この二〇年の来し方をまとめた資料を付した四〇周年記念号とすることが編集委員会で決定されたのであった。

好都合にも第四一回大会の実行委員長であった増田展大氏が編集委員会の副委員長を務めていたので、大会を四〇回大会のテーマであった「「生命」を問いなおす」を引き継ぎながら、さらに違う角度から生命記号論を俎上に上げることができた――生命記号論は二〇周年の『記号論の逆襲』の特集テーマでもあったので、日本記号学会が二〇年の時間を経て、どのように議論を積み重ねてきたのかを検証する機会にもなったと思う。

二〇二二年には編集委員長は松本健太郎氏に代わったが、今号の企画には前委員長として多少なりとも関わってきた。おかげで二年にわたる生命記号論にかかわる学会内外の諸氏による実りある討議を本というかたちで世に問うことができることは、まことに幸甚の至りである。

さまざまな原稿の整理が終わり、あと少しで入稿という時になって、極めて悲しい知らせが飛び込んできた。本学会を長年にわたって支え続け、現在の学会の方向性を決定づけ、そして年下の私たちを常に叱咤激励してくれていた室井尚氏の訃報である。ただ悲しみのなかで、ぎりぎり盟友の吉岡洋氏による訃報／追悼の記事を掲載することができたことだけは、ほんの少しの慰めとなった。

本書の冒頭には室井氏による「生命と記号論」が掲載されて

いる。そこには私がこの小文で触れた日本記号学会の歩み、そしてその意義を深く掘り下げて書かれているが、そのテクストがこのように象徴的な意味を持つことになるとは思いもしなかった。深い悲しみのなかで、異例の編集後記の筆を擱きたい。

佐藤守弘

執筆者紹介

伊藤未明（いとう みめい）
一九六四年生まれ。慶應義塾大学修士（管理工学）、米国ロチェスター大学修士（ＭＢＡ）、英国ノッティンガム大学修士（批評理論）。著書・論文に『在野研究ビギナーズ——勝手にはじめる研究生活』（共著、明石書店、二〇一九年）、「スーパーモダニティの修辞としての矢印——そのパフォーマティヴィティはどこから来るのか?」（『叢書セミオトポス11 ハイブリッドリーディング——新しい読書と文字学』日本記号学会編、二〇一六年）、"Seeing animals, speaking of nature: Visual culture and the question of the animal"（*THEORY CULTURE & SOCIETY*, 25(4), 2008）など。

exonemo（エキソニモ）
千房けん輔と赤岩やえによるアート・ユニット。一九九六年よりインターネット上で活動を始め、インスタレーション、ライヴ・パフォーマンスなどへと拡張する。デジタルとアナログ、ネットワーク世界と実世界を柔軟に横断しながら、テクノロジーとユーザーの関係性を露わにし、ユーモアのある切り口と新しい視点を携えた実験的なプロジェクトを数多く手がける。二〇一五年よりニューヨークに拠点を移す。《The Road Movie》により二〇〇六年アルス・エレクトロニカ、ゴールデン・ニカ賞（ネット・ヴィジョン部門）受賞、二〇二一年第七一回芸術選奨美術部門新人賞受賞。

奥野克巳（おくの かつみ）
一九六二年生まれ。一橋大学大学院博士後期課程修了、博士（社会学）。専門は、文化人類学。現在、立教大学異文化コミュニケーション学部教授。主な著書・訳書に『人類学者Ｋ——ロスト・イン・ザ・フォレスト』（亜紀書房、二〇二二年）、『一億年の森の思考法——人類学を真剣に受け取る』（教育評論社、二〇二二年）、『絡まり合う生命——人間を超えた人類学』（亜紀書房、二〇二二年）、『今日のアニミズム』（共著、以文社、二〇二一年）、『モア・ザン・ヒューマン——マルチスピーシーズ人類学と環境人文学』（共著、以文社、二〇二一年）、ティム・インゴルド『人類学とは何か』（共訳、亜紀書房、二〇二〇年）、エドゥアルド・コーン『森は考える——人間的なるものを超えた人類学』（共訳、亜紀書房、二〇一六年）など。

河田 学（かわだ まなぶ）
一九七一年生まれ。京都大学大学院人間・環境学研究科博士後期課程修了、博士（人間・環境学）。現在、京都芸術大学芸術学部教授。専門は文学理論、記号論。主な著作・訳書に『ポケモンＧＯからの問い』（分担執筆、新曜社、二〇一八年）、『フィクション論への誘い』（分担執筆、世界思想社、二〇一三年）、『共同研究 ポルノグラフィー』（分担執筆、平凡社、二〇一一年）、レーモン・クノー『文体練習』（共訳、水声社、二〇一二年）など。

児玉幸子（こだま さちこ）
筑波大学大学院博士課程修了、博士（芸術学）。現在、電気通信大学情報理工学研究科准教授。専門はメディアアートの理論的・実践的研究。新素材、情報技術などのテクノロジーを応用するメディアアートによって人間の感覚とコミュニケーションを拡張する方法を探り、新たな価値と感動の創造に取り組む。《突き出す、流れる》により、二〇〇二年文化庁メディア芸術祭デジタルアートインタラクティブ部門大賞受賞。

檜垣立哉（ひがき たつや）
一九六四年生まれ。東京大学大学院人文科学研究科博士課程中途退学。博士（文学）。現在、専修大学文学部教授・大阪大学名誉教授。専攻はフランス哲学・日本哲学。主な著書に『哲学者がみた日本競馬』（教育評論社、二〇二三年）、『生命と身体——フランス哲学論考』（勁草書房、二〇二三年）、『日本近代思想論——技術・科学・生命』（青土社、二〇二二年）、『バロックの哲学——反-理性の星座たち』（岩波書店、二〇二二年）、『ベルクソン思想の現在』（共著、書肆侃侃房、二〇二二年）、『構造と自然——哲学と人類学の交錯』（共編著、勁草書房、二〇二二年）など。

廣田ふみ（ひろた ふみ）
情報科学芸術大学院大学（ＩＡＭＡＳ）修了。メディア表現（修士）。現在、アーツカウンシル東京（公益財団法人東京都歴史文化財団）所属。ＩＡＭＡＳメディア文化センターや山口情報芸術センター（ＹＣＡＭ）にて、メディアアートをはじめとする作品のプロダクション・企画制作などを経て、二〇一二年より文化庁でメディア芸術の振興施策、二〇一五年からは国際交流基金で日本と東南アジアの文化交流事業に取り組む。二〇二〇年より現職。二〇二二年、渋谷のシビック・クリエイティブ・ベース東京（ＣＣＢＴ）の立ち上げに参加。

増田展大（ますだ のぶひろ）
一九八四年生まれ。神戸大学大学院人文学研究科退学、博士（文学）。現在、九州大学大学院芸術工学研究院講師。専門は美学・芸術学、映像メディア論。主な著書・訳書に『科学者の網膜——身体をめぐる映像技術論：1880-1910』（青弓社、二〇一七年）、『クリティカル・ワード メディア論』（共編著、フィルムアート社、二〇二一年）、翻訳にトム・ガニング『映像が動き出すとき——写真・映画・アニメーションのアルケオロジー』（共訳、みすず書房、二〇二一年）など。

水島久光（みずしま ひさみつ）
一九六一年生まれ。慶應義塾大学卒業後、広告会社勤務を経て東京大学大学院学際情報学府修士課程修了。現在、東海大学文化社会学部教授。専門はメディア論、記号論。主な著書に『「新しい生活」とはなにか——災禍と風景と物語』（書籍工房早山、二〇二一年）、『戦争をいかに語り継ぐか——「映像」と「証言」から考える戦後史』（ＮＨＫ出版、二〇二〇年）、『メディア分光器——ポスト・テレビからメディアの生態系へ』（東海大学出版部、二〇一七年）など。

三原聡一郎（みはら そういちろう）
アーティスト。世界に対して開かれたシステムを提示し、音、泡、放射線、虹、微生物、苔、気流、土、水そして電子など、物質や現象の「芸術」への読みかえを試みている。二〇一一年より、テクノロジーと社会の関係性を考察する「空白のプロジェクト」を国内外で展開。二〇一三年より滞在制作を継続的に行い、北極圏から熱帯雨林、軍事境界からバイオアートラボまで、芸術の中心から極限環境に至るまで、これまでに計九カ国一八ヵ所を渡ってきた。アルス・エレクトロニカ、トランスメディアーレ、文化庁メディア芸術祭、他で受賞。

室井 尚（むろい ひさし）
一九五五年生まれ。京都大学大学院文学研究科修了。横浜国立大学名誉教授。専門は哲学、情報文化論。主な著書に『ワードマップ 情報と生命——脳・コンピュータ・宇宙』（共著、新曜社、一九九三年）、『情報宇宙論』（岩波書店、一九九一年）、『哲学問題としてのテクノロジー』（講談社、二〇〇〇年）、『タバコ狩り』（平凡社新書、二〇〇九年）、『文系学部解体』（角川新書、二〇一五年）など。二〇二三年没。

吉岡 洋（よしおか ひろし）
一九五六年生まれ。京都大学大学院文学研究科修了。現在、京都芸術大学文明哲学研究所教授。専門は美学・芸術学、情報文化論、現代美術、メディアアート。主な著書に『ワードマップ 情報と生命——脳・コンピュータ・宇宙』（共著、新曜社、一九九三年）、『〈思想〉の現在形——複雑系・電脳空間・アフォーダンス』（講談社、一九九七年）、『Diatxt.（ダイアテキスト）』第一号～八号（京都芸術センター）など。

吉森 保（よしもり たもつ）
一九五八年生まれ。大阪大学大学院医学研究科博士課程中退。医学博士（大阪大学）。専門は細胞生物学。一九九六年、オートファジー研究のパイオニア・大隅良典氏（二〇一六年ノーベル生理学・医学賞受賞）が国立基礎生物学研究所にラボを立ち上げたときに助教授として参加。国立遺伝学研究所教授、大阪大学微生物病研究所教授を経て現在、大阪大学大学院生命機能研究科及び医学系研究科教授、大阪大学栄誉教授。著書に『LIFE SCIENCE——長生きせざるをえない時代の生命科学講義』（日経ＢＰ、二〇二〇年）、『生命を守るしくみオートファジー——老化、寿命、病気を左右する精巧なメカニズム』（講談社ブルーバックス、二〇二一年）など。二〇一五年上原賞、二〇一七年持田記念学術賞、二〇一九年紫綬褒章など他多数受賞。

日本記号学会設立趣意書

最近、人間の諸活動において（そして、おそらく生物一般の営みにおいて）記号の果たす役割の重要性がますます広く認められてきました。記号現象は、認識・思考・表現・伝達および行動と深く関わり、したがって、哲学・論理学・言語学・心理学・人類学・情報科学等の諸科学、また文芸・デザイン・建築・絵画・映画・演劇・舞踊・音楽その他さまざまな分野に記号という観点からの探求が新しい視野を拓くものと期待されます。しかるに記号学ないし記号論は現在まだその本質について、内的組織について不明瞭なところが多分に残存し、かつその研究が多数の専門にわたるため、この新しい学問領域の発展のためには、諸方面の専門家相互の協力による情報交換、共同研究が切に望まれます。右の事態に鑑み、ここにわれわれは日本記号学会（The Japanese Association for Semiotic Studies）を設立することを提案します。志を同じくする諸氏が多数ご参加下さることを希求する次第であります。

一九八〇年四月

日本記号学会についての問い合わせは
日本記号学会事務局
〒一〇一―八三〇一
東京都千代田区神田駿河台一―一
明治大学研究棟二二三号室
高馬京子研究室内

［日本記号学会ホームページURL］
http://www.jassweb.jp/

記号学会マーク制作／向井周太郎

叢書セミオトポス17　日本記号学会四〇周年記念号
生命を問いなおす
科学・芸術・記号

初版第1刷発行　2023年7月14日

編　者　日本記号学会
特集編集　佐藤守弘・増田展大・
楊駿驍・松本健太郎
発行者　塩浦　暲
発行所　株式会社　新曜社
〒101-0051　東京都千代田区神田神保町3-9
電話(03)3264-4973・FAX(03)3239-2958
e-mail：info@shin-yo-sha.co.jp
URL：https://www.shin-yo-sha.co.jp/
印刷所　星野精版印刷
製本所　積信堂

Printed in Japan ISBN978-4-7885-1819-3 C1010

日本記号学会編〈叢書セミオトポス16〉

アニメ的人間　インデックスからアニメーションへ

A５判162頁
本体2500円

原形質からゾンビ、ロボット、溶けるチーズまで、記号論的分析を駆使してアニメの魅力に迫る。

日本記号学会編〈叢書セミオトポス15〉

食《メシ》の記号論　食は幻想か？

A５判216頁
本体2700円

「料理の三角形」から家庭料理、マンガ「目玉焼きの食べ方」、ヘボ追いまで、食の記号論を展開。

日本記号学会編〈叢書セミオトポス14〉

転生するモード　デジタルメディア時代のファッション

A５判192頁
本体2600円

かつてモードはパリコレや『ヴォーグ』などに主導されてきたが、ネット社会のいま、何処へ？

日本記号学会編〈叢書セミオトポス13〉

賭博の記号論　賭ける・読む・考える

A５判184頁
本体2600円

「賭ける」という人類誕生とともにある行為の魅力と意味を、記号論的＝多角的に考察する。

日本記号学会編〈叢書セミオトポス12〉

「美少女」の記号論　アンリアルな存在のリアリティ

A５判242頁
本体2800円

我々の周りは美少女のイメージで溢れている。この魅惑的存在は我々をどこに連れていくのか？

日本記号学会編〈叢書セミオトポス11〉

ハイブリッド・リーディング　新しい読書と文字学

A５判280頁
本体2900円

スティグレール、杉浦康平などを参照しつつ、「読むこと」「書くこと」を根底から問い直す。

日本記号学会編〈叢書セミオトポス10〉

音楽が終わる時　産業／テクノロジー／言説

A５判224頁
本体2800円

デジタル化、ＩＴ化で従来の「音楽」概念が通用しなくなろうとしている今、音楽は何処へ？

日本記号学会編　〈叢書セミオトポス９〉

着ること／脱ぐことの記号論

A５判242頁
本体2800円

着るとは〈意味〉を着ることであり、裸体とは〈意味の欠如〉を着ること。その記号過程を問う。

日本記号学会編　〈叢書セミオトポス８〉

ゲーム化する世界　コンピュータゲームの記号論

A５判242頁
本体2800円

全てがゲーム化する今、ゲームを考えるとは現実を考えること。ゲームと現実の関係を問い直す。

日本記号学会編　〈叢書セミオトポス７〉

人はなぜ裁きたがるのか　判定の記号論

A５判244頁
本体2800円

裁判員制度などにともなう法廷の劇場化、判定のスペクタクル化ともいえる現況を根源的に問う。

（表示価格は税別）